传世励志经典
CHUANSHILIZHIJINGDIAN

家训铸乾坤

中国古代励志家训

言 心 编著

中华工商联合出版社

图书在版编目（CIP）数据

家训铸乾坤：中国古代励志家训/言心编著. --
北京：中华工商联合出版社，2015.8
ISBN 978-7-5158-1352-3

Ⅰ. ①家… Ⅱ. ①言… Ⅲ. ①家庭道德－中国－古代
Ⅳ. ①B823.1

中国版本图书馆 CIP 数据核字（2015）第 153644 号

家训铸乾坤
——中国古代励志家训

编　　者：	言　心
出 品 人：	徐　潜
策划编辑：	魏鸿鸣
责任编辑：	崔红亮
封面设计：	周　源
营销总监：	曹　庆
营销推广：	王　静　万春生
责任审读：	郭敬梅
责任印制：	迈致红
出版发行：	中华工商联合出版社有限责任公司
印　　刷：	汇昌印刷（天津）有限公司
版　　次：	2015 年 9 月第 1 版
印　　次：	2022 年 1 月第 4 次印刷
开　　本：	710mm×1020mm　1/16
字　　数：	250 千字
印　　张：	19
书　　号：	ISBN 978-7-5158-1352-3
定　　价：	38.00 元

服务热线：010－58301130
销售热线：010－58302813
地址邮编：北京市西城区西环广场 A 座
　　　　　19－20 层，100044
http://www.chgslcbs.cn
E-mail：cicap1202@sina.com（营销中心）
E-mail：gslzbs@sina.com（总编室）

序

　　为了给《传世励志经典》写几句话，我翻阅了手边几种常见的古今中外圣贤大师关于人生的书，大致统计了一下，励志类的比例，确为首屈一指。其实古往今来，所有的成功者，他们的人生和他们所激赏的人生，不外是：有志者，事竟成。

　　励志是动宾结构的词，励是磨砺，志是志向，放在一起就是磨砺志向。所以说，励志不是简单的立志，是要像把刀放在石头上磨才能锋利一样，这个磨砺，也不是轻而易举地摩擦一下，而是要下力气的，对刀来说，不仅要把自身的锈磨掉，还要把多余的部分都要毫不留情地磨掉，这简直是一场磨难。所有绚丽的人生都是用艰难磨砺成的，砥砺生命放光华。可见，励志至少有三层意思：

　　一是立志。国人都崇拜的一本书叫《易经》，那里面有一句话说："天行健，君子以自强不息。"这是一种天人合一的理念，它揭示了自然界和人类发展演化的基本规律，所以一切圣贤伟人无不遵循此道。当然，这里还有一个立什么样的志的问题，孔子说："士不可以不弘毅，任重而道远。"古往今来，凡志士仁人立的都是天下家国之志。李白说：大丈夫必有四方之志，白居易有诗曰：丈夫贵兼济，岂独善一身，讲的都是这个道理。

二是励志。有了志向不一定就能成事，《礼记》里说："玉不琢，不成器。"因为从理想到现实还有很大的距离。志向须在现实的困境中反复历练，不断考验才能变得坚韧弘毅，才能一步一个脚印地逐步实现。所以拿破仑说：真正之才智乃刚毅之志向。孟子则把天将降大任于斯人描述得如此艰难困苦。我们看看历代圣贤，从世界三大宗教的创始人耶稣、穆罕默德、释迦牟尼到孔夫子、司马迁、孙中山，直至各行各业的精英，哪一个不是历经磨难终成大业，哪一个不是砥砺生命放射出人生的光芒。

三是守志。无论立志还是励志都不是一朝一夕、一蹴而就的，它贯穿了人的一生，无论生命之火是绚丽还是暗淡，都将到它熄灭的最后一刻。所以真正的有志者，一方面存矢志不渝之德，另一方面有不为穷变节、不为贱易志之气。像孟子说的那样："富贵不能淫，贫贱不能移，威武不能屈。"明代有位首辅大臣叫刘吉，他说过：有志者立长志，无志者常立志，这话是很有道理的。

话说回来，励志并非粘贴在生命上的标签，而是融汇于人生中一点一滴的气蕴，最后成长为人的格调和气质，成就人生的梦想。不管你做哪一行，有志不论年少，无志空活百年。

这套《传世励志经典》共收辑了100部图书，包括传记、文集、选辑。为励志者满足心灵的渴望，有的像心灵鸡汤，营养而鲜美；有的就是萝卜白菜或粗茶淡饭，却是生命之必需。无论直接或间接，先贤们的追求和感悟，一定会给我们带来生命的惊喜。

徐　潜

前　言

　　家训，顾名思义，即先辈对子孙后代的训诫。

　　家训在中国传统文化中占据重要地位，也是家谱的重要组成部分，是先辈留给后人的处世宝典。

　　中华民族素有"端蒙养、重家教"的优良传统，而家庭是组成社会的细胞，是人生的第一所学校，良好的家庭教育能使人一生获益。本书选取的皆是我国古代的励志家训，是古人训诫子孙的典范。

　　本书囊括了《孝经》《孔子家语》《二十四孝》《颜氏家训》等中国古代励志家训，所选内容皆是前人智慧的结晶和其人生经验的总结，旨在推崇忠孝节义、教导礼义廉耻。内容真实丰富，涉及面广，可读性强，透过文字重现了古人的智慧。其艺术形式独特，皆为胸臆之言，可以陶冶情操，怡悦情志，是值得永久传诵的国学经典。

　　本书是一本教子书，不仅可以激发读者对社会、人生多角度的思考，还可以让其在探索智慧的道路上不断前进，能使他们见微知著，从身边的小事做起，看到更为广阔的世界。当然，这也是一本成人修身指南，其思想内涵深邃，但加上通俗易懂的题解和相应的注释，能让读者在深入浅出的行文中，借鉴先辈的人生经验和处世方式，加深对我国古代文化的了解，同时提升自我素质和文化修养，进而达到陶冶情操的效果，更好地适应这个社会，充分实现人生价值。

目 录

传 世 励 志 经 典

孝经

　　《孝经》是中国古代儒家的伦理学著作，是专论"孝道"之书，全书分十八章。清代纪昀在《四库全书总目》中称该书为孔子"七十子之徒之遗言"，成书于秦汉之际，将社会上各种阶层的人士，上至国家统治者，下至平民百姓，分为五个阶级，而就个人的地位与职业，标示出其实践孝亲的法则与途径。《孝经》被列为"十三经"之一，是自古以来读书人的必读书。

开宗明义章

【题解】

　　本章被列为首章，阐明了五种孝道的义理，为孝经的宗旨。孝是产生教化的源头，是一切德行的根本。

【原文】

　　仲尼居①，曾子②侍。子曰："先王有至德要道，以顺③天下，民用和睦，上下无怨，汝知之乎？"曾子避席④曰："参不敏⑤，何足以知之？"子曰："夫孝，德之本也，教之所由生也。复坐，吾语汝：身体发肤，受之父母，不敢毁伤⑥，孝之始也。立身行道，扬名于世，以显父母，孝之终也。

　　夫孝，始于事亲，中于事君，终于立身。《大雅》云：'无念尔祖，聿⑦修厥⑧德。'"

【注释】

　　①仲尼居：仲尼，孔子的字。居：闲坐。
　　②曾子：即曾参，孔子的弟子。

③顺：治理。

④避席：离开座位，这里指站起身来以示恭敬。

⑤敏：聪慧。

⑥毁伤：毁坏。

⑦聿：叙述。

⑧厥：他的，这里指祖德。

天子①章

【题解】

　　本章为"五孝之冠"，主要说明一国之君要博爱亲民，以德感化人群，方能使得万民都仰赖于他。

【原文】

　　子曰："爱亲者，不敢恶于人；敬亲者不敢慢②于人。爱敬尽于事亲，而德教加于百姓③，刑④于四海，盖天子之孝也。《甫刑》云：'一人有庆，兆民⑤赖之。'"

【注释】

　　①天子：帝王。
　　②慢：傲慢，不敬。
　　③德教加于百姓：以德教化百姓的意思。
　　④刑：通"型"，意为典范，榜样。
　　⑤兆民：即万民，指天下的百姓。

诸侯章

【题解】

本章主要写诸侯的孝道。诸侯地位仅次于天子，可谓位高权重，所以应当谦恭谨慎，做事有计划，懂得节制，这样才能长久保持自己的地位与财富。

【原文】

"在上不骄，高而不危①；制节②谨度，满而不溢。高而不危，所以长守贵也；满而不溢③，所以长守富也。富贵不离其身，然后能保其社稷④，而和其民人，盖诸侯之孝也。《诗》云：'战战兢兢，如临深渊，如履薄冰。'"

【注释】

①在上不骄，高而不危：地位高却不骄傲，居于高位而没有危险。

②制节：节省开支，俭省。

③满而不溢：满，指国库充裕。溢，指奢侈浪费。本句意为国库充裕但不浪费。

④社稷：社，土地神。稷，谷神。这里代指国家。

卿大夫①章

【题解】

本章强调作为辅佐官员的卿大夫，应当谨言慎行，为人做事合乎礼法，起到示范人群的作用。

【原文】

"非先王之法服②，不敢服；非先王之法言③，不敢道；非先王之德行，不敢行。是故，非法不言，非道不行；口无择言，身无择行；言满天下无口过④，行满天下无怨恶。三者备矣，然后能守其宗庙⑤，盖卿大夫之孝也。《诗》云：'夙夜匪懈⑥，以事一人。'"

【注释】

①卿大夫：又称"上大夫"，地位仅次于诸侯，是各国的统治支柱。

②法服：依照礼法制作的衣服。

③法言：合乎礼法的言论。

④口过：言语失当。

⑤宗庙：古代用以祭祀祖先的屋舍。

⑥懈：怠惰。

士^① 章

【题解】

本章讲的是士的孝行。士作为贵族的最下层，想实现自身价值，必须投靠别人，得到重用才行。但他们也是社会的中坚力量，故而应以侍奉父母之心去事君、事上，方可完成自己的使命。

【原文】

"资^②于事父以事母，而爱同；资于事父以事君，而敬同。故母取其爱，而君取其敬，兼之者父也。故以孝事君则忠；以敬事长则顺。忠顺不失，以事其上，然后能保其禄位^③，而守其祭祀，盖士之孝也。《诗》云：'夙兴夜寐，无忝^④尔所生。'"

【注释】

①士：仅次于卿大夫的最后一等的爵位，分上士、中士、下士三级。

②资：取。

③禄位：俸禄与职位。

④忝：辱。

庶人①章

【题解】

本章是讲普通百姓的孝道。劳动人民作为社会的主体和社会财富的创造者，应当遵循自然规律，辛勤劳作，赡养父母，尽庶人之孝。

【原文】

"用天之道②，分地之利，谨身节用③，以养父母，此庶人之孝也。故自天子至于庶人，孝无终始，而患不及④者，未之有也。"

【注释】

①庶人：指天下的百姓。《正义》："庶者，众也。"

②用天之道：天道有春生、夏长、秋收、冬藏的规律，这里指遵循自然进行耕作。

③谨身节用：指节省开支，避免浪费。

④患不及：担心做不到。患：担心，忧虑。

三才①章

【题解】

　　本章是孔子在曾子赞美孝道的基础上所做的进一步说明，孔子认为孝道的本源是取法于天下，立为政教，以教化世人。

【原文】

　　曾子曰："甚哉！孝之大也。"子曰："夫孝，天之经也，地之义也，民之行也。天地之经，而民是则之。则天之明，因地之利，以顺天下。是以其教不肃而成，其政不严而治。先王见教之可以化民也。是故先之以博爱，而民莫遗其亲；陈②之以德义，而民兴行；先之以敬让，而民不争；导之以礼乐，而民和睦；示之以好恶，而民知禁。《诗》云：'赫赫③师尹，民具尔瞻④。'"

【注释】

　　①三才：指天、地、人。

　　②陈：宣扬。

　　③赫赫：地位显耀。

　　④瞻：瞻仰。

孝治章

【题解】

本章主要说君王要以孝治国。孔子由"先王"的经验说起，阐明了以孝治国而赢得天下百姓拥护的道理。

【原文】

子曰："昔者明王之以孝治天下也，不敢遗小国之臣，而况于公、侯、伯、子、男乎？故得万国之欢心，以事①其先王。治国者，不敢侮于鳏寡，而况于士民乎？故得百姓之欢心，以事其先君。治家者，不敢失于臣妾，而况于妻子乎？故得人之欢心，以事其亲。夫然②，故生则亲安之，祭则鬼享之。是以天下和乎，灾害不生，祸乱不作。故明王之以孝治天下也如此。《诗》云：'有觉德行，四国顺之③。'"

【注释】

①事：侍奉。

②夫然：这样做的话。

③有觉德行，四国顺之：道德行为高尚，那四方万国的人都愿意顺服他。

圣治章

【题解】

本章阐述了"圣人之德即是孝"的道理。文中先用周公配祭的例子，说明了孝道是圣人的重要品德。接着讲述了孝是圣人治国的最高准则，只有推行孝道，使君臣有礼，万民和睦，才能使国家安宁。

【原文】

曾子曰："敢问圣人之德无以加于孝乎？"子曰："天地之性①，人为贵；人之行，莫大于孝，孝莫大于严父，严父莫大于配②天，则周公其人也。昔者，周公郊祀后稷以配天；宗祀文王于明堂，以配上帝；是以四海之内，各以其职来祭。夫圣人之德，又何以加于孝乎？故亲生之膝下，以养父母日严。圣人因严以教敬，因亲以教爱。圣人之教，不肃而成③，其政不严而治。其所因者，本也。父子之道，天性也，君臣之义也。父母生之，续莫大焉；君亲临之，厚莫重焉。故不爱其亲，而爱他人者，谓之悖④德；不敬其亲，而敬他人者，谓之悖礼。以顺则逆，民无则焉。不在于善，而皆在于凶德，虽得之，君子不贵也。君子则不然，言思可道，行思可乐，德义可尊，作事可法，容止可观，进退可度，以临其民。是以其民畏而爱之，则而象之。故能成其德教，而行其政令。《诗》云：'淑人君子，其仪⑤不忒⑥。'"

【注释】

①天地之性：天地万物中。

②配：配祭。古代帝王祭天，以先祖配祭。

③不肃而成：不必严厉就可推行。肃：严正，认真。

④悖：违背。

⑤仪：仪表。

⑥忒：差错。

纪孝行章

【题解】

　　本章所讲的是日常的孝行，即孝行的内容，其中有五项可行，五项不可行。居致敬、养致乐、病致忧、丧致哀、祭致严这五项可行，而居上骄、为下乱、在丑争这三项则不可行。

【原文】

　　子曰："孝子之事①亲也，居则致其敬②，养则致其乐，病则致其忧，丧则致其哀，祭则致其严。五者备矣，然后能事亲。事亲者，居上不骄，为下不乱，在丑不争。居上而骄则亡，为下而乱则刑，在丑而争则兵。三者不除，虽日用三牲③之养，犹为不孝也。"

【注释】

　　①事：服侍，侍奉。

　　②敬：恭敬。

　　③三牲：指牛、羊、豕。

五刑①章

【题解】

本章讲五刑之罪，莫大于不孝，通过写刑罚的森严，来教育人们学习孝道。

【原文】

子曰："五刑之属三千，而罪莫大于不孝。要君者无上，非②圣人者无法，非孝者无亲③，此大乱之道也。"

【注释】

①五刑：是中国古代五种刑罚的统称，不同时期的所指也不尽相同。在西汉汉文帝之前，墨、劓、刖、宫、大辟为五刑，此乃奴隶制五刑。隋唐以后，以笞、杖、徒、流、死为五刑，被称为封建制五刑。

②非：责难，反对。

③无亲：目无父母。

广要道章

【题解】

本章不仅讲明了要道的具体实行方法，还说明了要道守约施博的实行办法。是为政之人学习的宝典。

【原文】

子曰："教民亲爱，莫善于孝①；教民礼顺，莫善于悌②；移风易俗，莫善于乐；安上治民，莫善于礼。礼者，敬而已矣。故敬其父，则子悦；敬其兄，则弟悦；敬其君，则臣悦；敬一人③，而千万人④悦。所敬者寡⑤，而悦者众，此之谓要道也。"

【注释】

①孝：尽心侍奉父母。

②悌：敬重兄长。

③一人：指父、兄、君，即受敬重之人。

④千万人：指子、弟、臣等。

⑤寡：少。

广至德章

【题解】

本章旨在告诉为政之人，应当实行至德的教化，方可得民心。

【原文】

子曰："君子之教以孝也，非家至①而日见之也。教以孝，所以敬天下之为人父者也；教以悌，所以敬天下之为人兄者也；教以臣，所以敬天下之为人君者也。《诗》云：'恺悌②君子，民之父母。'非至德，其孰能顺民如此其大者乎？"

【注释】

①家至：即挨家挨户地走到。

②恺悌：和乐安详，平易近人。

广扬名章

【题解】

本章主要讲解了扬名显亲的具体方法，强调德行是扬名的根本，而扬名于世是"孝"的更高标准，并且只有通过忠君才可能实现。

【原文】

子曰："君子之事亲孝，故忠可移于君；事兄悌，故顺可移于长；居家理①，故治可移②于官。是以行③成于内，而名立于后世矣。"

【注释】

①居家理：处理好家里的事务。

②移：移动，转移。

③行：指孝、悌、理家这三种品行。

谏诤章

【题解】

本章主要讨论了与谏诤有关的问题。谏诤，即对长者、尊者或友人进行规劝。孔子举例说明了谏诤的重要性，又提醒世人应当重视谏诤的作用。

【原文】

曾子曰："若夫慈爱、恭敬、安亲①、扬名②，则闻命矣。敢问子从父之令，可谓孝乎？"子曰："是何言与！是何言与！昔者，天子有诤臣七人③，虽无道，不失其天下；诸侯有诤臣五人，虽无道，不失其国；大夫有诤臣三人，虽无道，不失其家；士有诤友，则身不离于令名④；父有诤子，则身不陷于不义。故当不义，则子不可以不诤于父，臣不可以不诤于君。故当不义则诤之。从父之令，又焉得为孝乎？"

【注释】

①安亲：孝养父母，使其安宁。

②扬名：传播名声。

③七人：指辅佐天才的三公、四辅。

④令名：好名声。

感应章

【题解】

　　感应，即互相影响。本章讲明了孝悌之道，不但感人，还可以感动天地神明。

【原文】

　　子曰："昔者明王事父孝，故事天明；事母孝，故事地察；长幼顺，故上下治。天地明察①，神明彰矣。故虽天子，必有尊也，言有父也；必有先也，言有兄也。宗庙致敬，不忘亲也。修身慎行②，恐辱先也。宗庙致敬，鬼神著矣。孝悌之至，通于神明，光③于四海④，无所不通。《诗》云：'自西自东，自南自北，无思不服。'"

【注释】

　　①明察：明白，清楚。
　　②慎行：行为谨慎检点。
　　③光：充满。
　　④四海：犹言天下，全国各地。

事君章

【题解】

本章说明了事君尽忠的道理，并引诗证明为臣者事君，就在于全心全力为国办事，服务于民。

【原文】

子曰："君子之事上①也，进思尽忠，退②思补过；将顺其美，匡救③其恶。故上下能相亲也。《诗》云：'心乎爱矣，遐④不谓矣。中心藏之，何日忘之。'"

【注释】

①上：此处代指君王。

②退：下朝回家。

③匡救：扶正，挽救。

④遐：遥远。

丧亲章

【题解】

　　丧亲，即父母亡殁。本章主讲慎终追远之事，教育世人尽孝应当生尽爱敬、死尽哀戚，生死始终，无所不尽其极。

【原文】

　　子曰："孝子之丧亲也，哭不偯①，礼无容，言不文，服美不安，闻乐不乐，食旨不甘，此哀戚之情也。三日而食，教民无以死伤生，毁不灭性，此圣人之政也。丧不过三年，示民有终也。为之棺、椁②、衣、衾而举之，陈其簠簋③而哀戚之。擗踊④哭泣，哀以送之；卜其宅兆，而安措之；为之宗庙，以鬼享之；春秋祭祀，以时思之。生事爱敬，死事哀戚，生民之本尽矣，死生之义备矣，孝子之事亲终矣。"

【注释】

　　①偯（yǐ）：哭的尾声曲折、绵长。

②椁：套在棺材外面的大棺材。

③筥筤：两种盛五谷的器具。

④擗踊：擗，捶胸；踊，以脚跺地。形容极度悲伤。

孔子家语

《孔子家语》简称《家语》，是记录孔子生平和思想的著作，为孔子门人所撰，经历过很长时间的编纂、改动和增补过程，对研究孔子和其弟子以及古代儒家思想意义深远。

始　诛 录一则

【题解】

　　本篇主讲法制与教化的深刻关系。孔子主张先教后诛，国家要先施行道德教化，对民众加以引导，教导不通，方可加以刑威。

【原文】

　　孔子为鲁大司寇①。有父子讼者，夫子同狴②执之，三月不别，其父请止，夫子赦之焉。季孙闻之不悦，曰："司寇欺余。曩告余曰国家必先以孝，余今戮一不孝以教民孝，不亦可乎？而又赦，何哉？"

　　冉有③以告孔子，子喟然叹曰："呜呼！上失其道而杀其下，非理也。不教以孝而听其狱，是杀不辜。三军大败，不可斩也；狱犴④不治，不可刑也。何者？上教之不行，罪不在民故也。夫慢令谨诛，贼也；征敛无时，暴也；不试责成，虐也。政无此三者，然后刑可即也。《书》云：'义刑义杀，勿庸以即汝心。'惟曰未有慎事，言必教而后刑也。既陈道德以先服之，而犹不可，尚贤以劝之；又不可，即废之；又不可，然后以威惮之。若是三年，而百姓正矣。其有邪民不从化者，然后待之以刑，则民咸知罪矣。《诗》云：'天子是毗⑤，俾民不迷。'是以威厉而不试，刑错而不用。今世则不然，乱其教，繁其刑，使民迷惑而陷焉，又从而制之，故刑弥繁而盗不胜也。夫三尺之限，空车不能登者，何哉？峻故也。百仞⑥之山，重载陟焉，何哉？陵迟田故也。今世俗之陵迟久矣，虽有刑法，民能勿逾乎？"

【注释】

①大司寇：官名，掌管刑法狱讼。

②狴：牢狱。

③冉有：即冉求，字子友，孔子弟子之一。

④狱犴：指古代乡亭的刑狱。

⑤毗：辅佐。

⑥仞：古代长度单位，周制为八尺，汉制为七尺。

儒行解

【题解】

　　本篇通过孔子与鲁哀公的对话，详细叙述了儒者应具有的道德品行。

【原文】

　　孔子在卫，冉有言于季孙曰："国有圣人而不能用，欲以求治，是犹却步而欲求及前人，不可得已。今孔子在卫，卫将用之。已有才而以资邻国，难以言智也，请以重币延之。"季孙以告哀公①，哀公从之。

　　孔子既至舍，哀公馆焉。公自阼阶②，孔子宾阶，升堂立侍。公曰："夫子之服，其儒服与？"孔子对曰："丘少居鲁，衣逢掖③之衣，长居宋，冠章甫之冠。丘闻之：君子之学也博，其服以乡俗，丘未知其为儒服也。"

　　公曰："敢问儒行。"孔子曰："略言之，则不能终其物；悉数之，则留更仆，未可以对。"

　　哀公命席，孔子侍坐，曰："儒有席上之珍以待聘，夙夜强学以待问，怀忠信以待举，力行以待取。其自立有如此者。儒有衣冠中，动作慎，大让如慢，小让如伪。大则如威，小则如愧。难进而易退也，粥粥若无能也。其容貌有如此者。儒有居处齐难，其起坐恭敬，言必诚信，行必中正。道途不争险易之利，冬夏不争阴阳之和。爱其死以有待也，养其身以有为也。其备预有如此者。儒有不宝金玉而忠信以为宝，不祈土地而仁义以为土地，不求多积而多文以为富。难得而易禄也，易禄而难畜④也。非时不见，不亦难得乎？非义不合，不亦难畜乎？先劳而后禄，不亦易禄乎？其近人情如此者。儒有委之以货财不贪，而淹之以乐好而不淫，劫之以众而不惧，阻之以兵而不慑。见利不亏其义，见死不更其守。鸷虫攫搏不程其勇，引重鼎不程其力。往者不悔，来者不豫。过言不再，流言不极。不断其威，不习其谋。其特立有如此者。儒有可亲而不可劫，可近而不可迫，可杀而不可辱。其居处不过，其饮食不溽，其过失可微辨，而不可面数也。其刚毅有如此者。儒有忠信以为甲胄，礼义以为干橹⑤。戴仁而行，抱义而处。虽有暴政，不更其所。其自守有如此者。儒有一亩之宫，环堵之室，筚门圭窦，蓬户瓮牖⑥，易衣而出，并日而食。上答之不敢以疑，上不答之不敢以谄。其为任有如此者。儒有今人以居，古人以箸，今世行之，后世以为楷。若不逢世，上所不援，下所不推，谗谄之民有比党而危之者，身可危也，其志不可夺也。虽危起居犹竟信其志，乃不忘百姓之病也。其忧思有如此者。儒有博学而不穷，笃行而不倦。礼必以和，优游以法。慕贤而容众，毁方而瓦合。其宽裕有如此者。儒有内称不辟亲，外举不辟怨。程力积事，不求厚禄；推贤达能，不望其报。君得其志，民赖其德，苟利国家，不求富贵。其举贤援能有如此者。儒有澡身浴德，陈言而伏，言而正之，上不知也，默而翘之，又不为急也。不临深而为高，不加少而为多。世治不轻，世乱不沮。同己不与，异己不非。其特立独行有如此者。儒有上不臣天子，下不事诸侯。慎静尚宽，砥砺廉隅⑦。强毅以与人，博学以知服。近文章，虽以分国，视如锱铢，弗肯臣仕。其规为有如此者。儒有合志同方，营道同术。并立则乐相下不厌，久别则闻流言不信。义同则进，不同则退。其交友有如此者。夫温良者，仁之本也。慎敬者，仁之地也。宽裕者，仁之作也。逊接者，仁之能也。礼节者，仁之貌也。言谈者，仁之文也。歌舞者，仁之和也。分散者，仁之施也。儒皆兼而有之，犹且不敢言仁也。其尊让有如此者。儒有不陨获于贫贱，不充诎⑧于富贵，不溷君王，不累长上，不闵有司，故曰儒。今人之名儒也妄，常以儒相诟疾。"

【注释】

①哀公：名蒋，定公子，春秋时鲁国国君。

②阼阶：殿廷东阶。古代以阼为主人之位。

③逢掖：指宽大的衣袖，古代儒者所穿。

④畜：容留。

⑤干橹：古代用以防身的武器，小盾为干，大盾为橹。

⑥蓬户瓮牖：用蓬草编门，用破瓮之口做窗户。形容家境贫寒。

⑦廉隅：器物的棱角，此处比喻人的品行端正，有节操。

⑧充诎：因自满而失去节制。

五仪解 录一则

【题解】

本篇主要讲五仪，即"庸人、士人、君子、贤人、圣人"这五个等次的人，他们有各自的独特之处，境界也是由低到高。鲁哀公在听了孔子的这番话后，也明白了如何"思哀、思忧、思劳、思惧、思危"，进而达到治国的最高境界。

【原文】

哀公问于孔子曰："寡人欲论鲁国之士，与之为治，敢问如何取之？"

孔子对曰："生今之世，志古之道；居今之俗，服古之服。舍此而为非者，不亦鲜乎？"

曰："然则章甫、絺履①、绅带、搢笏②者，贤人也。"

孔子曰："不必然也。丘之所言，非此之谓也。夫端衣玄裳，冕而垂轩者，则志不在于食荤；斩衰菅菲③，杖而啜粥者，则志不在酒肉。生今之世，志古之道，居今之俗，服古之服，谓此类也。"

公曰："善哉！尽此而已乎？"

孔子曰："人有五仪。有庸人，有士人，有君子，有贤人，有圣人。审此五者，则治道毕矣。"

公曰："敢问何如斯谓之庸人？"

孔子曰："庸人者，心不存慎终之规，口不吐训格之言；不择贤以托其身，不力行以自定；见小暗大，不知所务；从物如流，不知其所执；五凿①为正，心从而坏。此则庸人也。"

公曰："何谓士人？"

孔子曰："所谓士人者，心有所定，计有所守。虽不能尽通道术之本，必有率也；虽不能备百善之美，必有处也。是故知不务多，必审其所知；言不务多，必审其所谓；行不务多，必审其所由。知既知之，言既道之，行既由之，则若性命之形骸之不可易也。富贵不足以益，贫贱不足以损。此则士人也。"

公曰："何谓君子？"

孔子曰："所谓君子者，言必忠信而心不怨，仁义在身而色无伐，思虑通明而辞不专。笃行信道，自强不息，油然若将可越而终不可及者，君子也。"

公曰："何谓贤人？"

孔子曰："所谓贤人者，德不逾闲，行中规绳，言足以法于天下而不伤于身，道足化于百姓而不伤于本，富则天下无宛财，施则天下不病贫。此贤者也。"

公曰："何谓圣人？"

孔子曰："所谓圣人者，德合于天地，变通无方。穷万事之终始，协庶品之自然。明并日月，化行若神。下民不知其德，睹者不识其邻。此则圣人也。"

公曰："善哉。非子之贤，则寡人不得闻此言也。虽然，寡人生于深宫之内，长于妇人之手，未尝知哀，未尝知忧，未尝知劳，未尝知惧，未尝知危，恐不足以行五仪之教，若何?"

孔子对曰："如君之言，已知之矣，丘亦无所闻焉。"

公曰："非吾子寡人无以启其心，吾子言也。"

孔子曰："君子入庙如右，登自阼阶，仰视榱桷⑤，俯察几筵，其器皆存，而不睹其人。君以此思哀，则哀可知矣。昧爽⑥夙兴，正其衣冠，平旦视朝，虑其危难，一物失理，乱亡之端。君以此思忧，则忧可知矣。日出听政，至于中冥，诸侯子孙，往来如宾，行礼揖让，慎其威仪。君以此思劳，则劳可知矣。缅然长思，出于四门，周章远望，亡国之墟，必将有数焉。君以此思惧，则惧可知矣。夫君者，舟也；庶人者，水也。水所以载舟，亦所以覆舟。君以此思危，则危可知矣。君能明此五者，又留意于五仪之事，则政治何有失矣!"

【注释】

①褕履：鞋头带有装饰的鞋子。

②韍笏：腰上系有袍带，并指笏板插于袍带上。

③斩衰菅菲：斩衰，古代丧服，用粗麻布缝制，不缝下边；菅菲，指草鞋。

④五凿：凿，即窍。五凿，即耳、目、口、鼻、心。

⑤榱桷：屋椽，此处指担当重任的人。

⑥昧爽：天蒙蒙亮的时候。

致　思 录一则

【题解】

　　致思，即集中精力思考的意思。本篇录取其中一则，通过孔子听其弟子言志，表达"不伤财，不害民，不繁词"的德治思想。

【原文】

　　孔子北游于农山^①，子路、子贡、颜渊侍侧。孔子四望，喟然而叹曰："於斯致思，无所不至矣。二三子各言尔志，吾将择焉。"

　　子路进曰："由愿得白羽若月，赤羽若日。钟鼓之音，上震于天，旌旗缤纷^②，下蟠于地。由当一队而敌之，必也攘地千里，搴旗执馘^③。唯由能之，使二子者从我焉。"夫子曰："勇哉！"

　　子贡复进曰："赐愿使齐、楚合战于漭砀^④之野，两垒相望，尘埃相接，挺刃交兵。赐著缟衣白冠^⑤，陈说其间，推论利害，释二国之患。唯赐能之，使二子者从我焉。"夫子曰："辩哉！"

　　颜回退而不对。孔子曰："回，来，汝奚独无愿乎？"颜回对曰："文武之事，则二子者既言之矣，回何云焉？"孔子曰："虽然，各言尔志也，小子言之。"对曰："回闻薰、莸不同器而藏，尧、桀不共国而治，以其类异也。回愿明王圣主辅相之，敷其五教，道之以礼乐，使民城郭不修，沟池不越，铸剑戟以为农器，放牛马于源薮，室家无离旷之思，千岁无战斗之患。则由无所施其勇，而赐无所施其辩矣。"夫子凛然⑥曰："美哉德也！"

子路抗手而问曰："夫子何选焉？"

孔子曰："不伤财，不害民，不繁词，则颜氏之子有矣。"

孔子适齐，中路闻哭者之声，其音甚哀。孔子谓其仆曰："此哭哀则哀矣，然非丧者之哀也。"驱而前，少进，见有异人焉，拥镰带索，哭音不哀。孔子下车，追而问曰："子何人也？"对曰："吾丘吾子也。"曰："子今非丧之所，奚哭之悲也？"丘吾子曰："吾有三失，晚而自觉，悔之何及！"曰："三失可得闻乎？愿子告吾无隐也。"丘吾子曰："吾少时好学，周遍天下，后还，丧吾亲，是一失也。长事齐君，君骄奢失士，臣节不遂，是二失也。吾平生厚交，而今皆离绝，是三失也。夫树欲静而风不停，子欲养而亲不待，往而不来者年也，不可再见者亲也。请从此辞。"遂投水而死。

孔子曰："小子识之，斯足为戒矣！"自是弟子辞归养亲者十有三。

【注释】

①农山：山名，在鲁国（今山东）境内。

②旌旗缤纷：旌旗，以旄牛尾或鸟羽作竿饰的旗子。缤纷，形容繁盛。

③执馘：馘，割下敌人的耳朵。古代常以割取敌人的左耳来计功，称为执馘。

④漭砀：形容广阔的样子。

⑤缟衣白冠：着白衣戴白帽，表达决一死战的决心。

⑥凛然：态度严肃，令人敬畏的样子。

观　周 录一则

【题解】

　　本篇通过写孔子观览周国的所见之景，传达了向先贤学习的谦恭之意。

【原文】

　　孔子观周，遂入太祖后稷①之庙堂。右阶之前有金人焉，参缄②其口，而铭其背曰："古之慎言人也，戒之哉！无多言，多言多败。无多事，多事多患。安乐必戒，无行所悔。勿谓何伤，其祸将长。勿谓何害，其祸将大。勿谓不闻，神将伺③人。焰焰不灭，炎炎若何。涓涓④不壅，终为江河。绵绵不绝，或成网罗。毫末不札⑤，将寻斧柯。诚能慎之，福之根也。口是何伤？祸之门也。强梁者不得其死，好胜者必遇其敌。盗憎主人，民怨其上。君子知天下之不可上也，故下之；知众人之不可先也，故后之。温恭慎德，使人慕之。执雌持下，人莫逾之。人皆取彼，我独守此。人皆惑之⑥，我独不徙。内藏我智，不示人技。我虽尊高，人弗我害。谁能如此？江海虽左，长于百川，以其卑也。天道无亲，而能下人。戒之哉！"

　　孔子既读斯文也，顾谓弟子曰："小子识之，此言实而中，情而信。《诗》云：'战战兢兢，如临深渊，如履薄冰。'行身如此，岂以口过患哉？"

【注释】

　　①后稷：周王室的始祖，舜时为后稷。

　　②缄：封闭。

　　③伺：监视。

　　④涓涓：细小的水流。

　　⑤札：折断。

　　⑥惑之：摇摆不定。

颜 回 录一则

【题解】

本篇记载了颜回的言行，通过写鲁定公问政于颜回，颜回以驭马比作治理国家，说明了治民当同驭马一样"不可穷其力"的道理。

【原文】

鲁定公问于颜回曰："子亦闻东野毕①之善御乎？"对曰："善则善矣，虽然，其马将必佚②。"定公色不悦，谓左右，"君子固有诬人也。"颜回退。后三日，牧③来诉之曰："东野毕之马佚两骖④，曳两服⑤入于厩。"公闻之，越席而起，促驾召颜回。

回至，公曰："前日寡人问吾子以东野毕之御，而子曰'善则善矣，其马将佚'，不识吾子奚以知之？"颜回对曰："以政知之。昔者帝舜巧于使民，造父巧于使马，舜不穷其民力，造父不穷其马力，是以舜无佚民，造父无佚马。今东野毕之御也，升马执辔，衔体正矣；步骤驰骋，朝礼毕矣；历险致远，马力尽矣。然而犹乃求马不已，臣以此知之。"公曰："善哉若吾子之言也！

吾子之言其义大矣！愿少进乎?"颜回曰："臣闻之，鸟穷则啄，兽穷则攫⑥，人穷则诈，马穷则佚。自古及今，未有穷其下而能无危者也。"

公说，遂以告孔子。孔子对曰："夫其所以为颜回者，此之类也，岂足多哉!"

【注释】

①东野毕：春秋时善于驾车的人，姓东野，名毕。

②佚：走失，逸失。

③牧：官名，主掌畜牧。

④骖：古代驾车时位于两旁的马。

⑤服：驾车时位于中间的马。

⑥攫：用爪子抓。

颜氏家训

　　《颜氏家训》是中国南北朝时期著名文学家颜之推告诫子孙的著作，全书共二十一篇，内容丰富，不仅是教育后代的范本，更具有历史文献价值，本书择取其中九篇。

　　颜之推（531～591 年），字介，琅琊临沂（今山东省临沂市）人，古代文学家、教育家，被范文澜称为"当时南北朝最通博最有思想的学者"。

序致篇

【题解】

《序致篇》相当于全书的序言，主要撰述本书的宗旨和目的。作者结合自己的人生经验教育后人要多加学习和借鉴，以完善自身。

【原文】

夫圣贤之书，教人诚孝①，慎言检迹②，立身扬名，亦已备矣。魏、晋已来③，所著诸子④，理重事复，递相模敩⑤，犹屋下架屋，床上施床耳。吾今所以复为此者，非敢轨物范世也⑥，业以⑦整齐门内，提撕⑧子孙。夫同言⑨而信，信其所亲；同命而行，行其所服。禁童子之暴谑⑩，则师友之诚，不如傅婢之指挥；止凡人之斗阋⑪，则尧、舜之道，不如寡妻之诲谕⑫。吾望此书为汝曹⑬之所信，犹贤于傅婢寡妻耳。

【注释】

①诚孝：忠孝。

②检迹：行为端庄稳重。

③已来："已"通"以"，以来。

④诸子：指先秦诸子，这里指魏、晋以来阐述古代圣哲思想的著述。

⑤模教：模仿。

⑥轨物范世：轨，指车的轨迹；范，指铸造器物的模子。轨物范世，指为人处世的规范。

⑦业以：用它来。

⑧提撕：扯拉。这里引申为提醒。

⑨同言：相同的话。

⑩暴：暴躁。谑：开玩笑。

⑪凡人：平常人。斗阋：指家庭内部的矛盾。

⑫谕：使人理解。

⑬汝曹：你们。

【原文】

吾家风教①，素为整密②。昔在龆龀③，便蒙诱诲；每从两兄，晓夕温清④，规行矩步，安辞定色，锵锵翼翼，若朝严君焉。赐以优言，问所好尚，励短引长，莫不恳笃⑤。年始九岁，便丁荼蓼⑥，家涂离散，百口⑦索然。慈兄鞠⑧养，辛苦备至；有仁无威，导示不切。虽读《礼》、《传》⑨，微爱属文，颇为凡人之所陶染，肆欲轻言，不修边幅。年十八九，少知砥砺，习若自然，卒难洗荡。二十已后，大过稀焉；每常心共口敌，性与情竞⑩，夜觉晓非，今悔昨失，自怜无教，以至于斯。追思平昔之指，铭肌镂骨，非徒古书之诫，经目过耳也。故留此二十篇，以为汝曹后车耳。

【注释】

　　①风教：家风，家教。

　　②整密：严整周详。

　　③龆龀：龆、龀，原指儿童乳齿脱落，长出恒牙。此处借指童年时代。

　　④温清：冬天温暖，夏季清凉。此处指侍奉长辈。

　　⑤笃：忠实，专一。

　　⑥荼蓼：指父亲去世，家境困苦。

　　⑦百口：借指全家人。

　　⑧鞠：抚养。

　　⑨《礼》：指《礼记》。《传》：指《春秋左氏传》，也称《左传》。

　　⑩性与情竞：理智与感情相矛盾。

教子篇

【题解】

本篇主要讲述了儿童的教育问题。作者认为孩子的启蒙教育尤为重要，要想养成良好的习惯，必须从幼儿抓起，而父母应当讲究教育的方式，重视品德教育，不可溺爱孩子。

【原文】

上智不教而成，下愚虽教无益，中庸之人，不教不知也。古者，圣王有胎教之法：怀子三月，出居别宫，目不邪视，耳不妄听，音声滋味，以礼节之。书之玉版，藏诸金匮。生子咳㖷①，师保固明，孝仁礼义，导习之矣。凡庶②纵不能尔，当及婴稚，识人颜色，知人喜怒，便加教诲，使为则为，使止则止。比及③数岁，可省笞罚。父母威严而有慈，则子女畏慎而生孝矣。吾见世间，无教而有爱，每不能然；饮食运为，恣④其所欲，宜诫翻奖，应呵⑤反笑，至有识知，谓法当尔。骄慢已习，方复制之，捶挞至死而无威，忿怒日隆而增怨，逮⑥于成长，终为败德。孔子云："少成若天性，习惯如自然"是也。俗谚曰："教妇初来，教儿婴孩。"诚哉斯语！

【注释】

①咳嬺：作"孩提"，指襁褓中的婴儿。

②凡庶：平民。

③比及：等到。

④恣：任凭。

⑤呵：呵斥，指责。

⑥逮：达到。

【原文】

王大司马①母魏夫人，性甚严正；王在湓城时，为三千人将，年逾四十，少不如意，犹捶挞之，故能成其勋业。梁元帝②时，有一学士，聪敏有才，为父所宠，失于教义：一言之是，遍于行路，终年誉之；一行之非，揜藏文饰③，冀其自改。年登婚宦④，暴慢日滋⑤，竟以言语不择，为周逖抽肠衅⑥鼓云。

【注释】

①王大司马：即王僧辩，字君才，太原祁（今山西祁县）人，南朝梁将领。

②梁元帝：即萧绎（508～554 年），字世诚，自号金楼子，南朝梁皇帝，梁武帝第七子。

③揜：遮蔽。文：掩饰。

④婚宦：结婚和做官。这里代指成年。

⑤滋：滋长。

⑥衅：古代的一种祭祀仪式，用牲畜的血涂在器物的缝隙。

【原文】

父子之严^①，不可以狎^②；骨肉之爱，不可以简。简则慈孝不接，狎则怠慢^③生焉。由命士以上，父子异宫，此不狎之道也；抑搔痒痛，悬衾箧枕，此不简之教也。或^④问曰："陈亢喜闻君子之远其子，何谓也？"对曰："有是也。盖君子之不亲教其子也。《诗》有讽刺之辞，《礼》有嫌疑之诫，《书》有悖乱之事，《春秋》有邪僻之讥，《易》有备物之象：皆非父子之可通言^⑤，故不亲授^⑥耳。"

【注释】

①严：威信、威严。

②狎：亲近而态度不庄重。

③怠慢：懈怠轻忽。

④或：有的人。

⑤通言：互通言语。

⑥授：教，传授。

【原文】

齐武成帝子琅邪王^①，太子母弟也，生而聪慧，帝及后并笃爱之，衣服饮食，与东宫^②相准。帝每面称之曰："此黠^③儿也，当有所成。"及太子即位，王居别宫，礼数优僭，不与诸王等；太后犹谓不足，常以为言。年十许岁，骄恣无节，器服玩好，必拟乘舆^④，常朝南殿，见典御进新冰、钩盾献早李，还索不得，遂大怒，诟^⑤曰："至尊已有，我何意无？"不知分齐，率皆如此。识者多有叔段、州吁之讥。后嫌宰相，遂矫诏斩之，又惧有救，乃勒麾下军士，防守殿门；既无反心，受劳而罢，后竟坐此幽薨⑥。

【注释】

①武成帝：北齐武成皇帝，名高湛（534～565年）。琅邪王：名高俨，字仁威。武成帝第三子。

②东宫：太子所居之宫。这里代指太子。

③黠：聪明。

④乘舆：皇帝所乘的车子，此处代指皇帝。

⑤詢：骂。

⑥薨：指王侯的死亡。

【原文】

人之爱子，罕亦能均①；自古及今，此弊多矣。贤俊者自可赏爱，顽鲁者亦当矜怜②，有偏宠者，虽欲以厚之，更所以祸之。共叔之死，母实为之。赵王之戮，父实使之。刘表③之倾宗覆族，袁绍之地裂兵亡，可为灵龟④明鉴也。

【注释】

①罕：少。均：同样。

②顽鲁：愚蠢。矜怜：怜悯，同情。

③刘表：字景升，东汉末山阳高平（位于今山东鱼台东北）人。

④灵龟：龟名。古代用以占卜。

【原文】

齐朝有一士大夫，尝谓吾曰："我有一儿，年已十七，颇晓书疏①，教其鲜卑语及弹琵琶，稍欲通解，以此伏②事公卿，无不宠爱，亦要事也。"吾时俯而不答。异哉，此人之教子也！若由此业，自致卿相，亦不愿汝曹为之。

【注释】

　　①书疏：奏疏、信札。
　　②伏：通"服"，从事。

兄弟篇

【题解】

　　本篇主要谈论家庭成员之间的关系，作者认为兄弟之情对于一个家族的团结和睦起着重要的作用。通过举例，讲明了一些影响兄弟之情的不利因素，并提出了相应的防范之法。

【原文】

　　夫有人民而后有夫妇，有夫妇而后有父子，有父子而后有兄弟：一家之亲，此三而已矣。自兹以往，至于九族①，皆本于三亲焉，故于人伦为重者也，不可不笃②。

【注释】

　　①九族：指本身以上的父、祖、曾祖、高祖和以下的子、孙、曾孙、玄孙。也以父族四、母族三、妻族二，合为"九族"。
　　②笃：忠诚，笃实。

【原文】

　　兄弟者，分形连气①之人也。方其幼也，父母左提右挈，前襟后裾，食则同案②，衣则传服③，学则连业④，游则共方，虽有悖乱之人，不能不相爱也。及其壮⑤也，各妻其妻，各子其子，虽有笃厚之人，不能不少衰也。娣姒之比兄弟，则疏薄矣；今使疏薄之人，而节量⑥亲厚之恩，犹方底而圆盖，必不合矣。惟友悌深至，不为旁人之所移者，免夫！

【注释】

①连气：指兄弟之间气息相通。

②案：古代一种盛食物的器具。

③传服：指大孩子穿过的衣服留给小孩子穿。

④业：旧时书写经典的大版。连业，指哥哥用过的经籍，弟弟又接着用。

⑤壮：壮年。古人三十岁以上为壮年。

⑥节量：节制度量。

【原文】

二亲既殁①，兄弟相顾，当如形之与影，声之与响；爱先人②之遗体，惜己身之分气，非兄弟何念哉？兄弟之际，异于他人，望深则易怨，地亲则易弭。譬犹居室，一穴则塞之，一隙则涂之，则无颓毁之虑；如雀鼠之不恤，风雨之不防，壁陷楹③沦，无可救矣。仆妾之为雀鼠，妻子之为风雨，甚哉！

【注释】

①殁：死。

②先人：指死去的父母。

③楹：厅堂前面的柱子。

【原文】

兄弟不睦，则子侄^①不爱；子侄不爱，则群从^②疏薄；群从疏薄，则僮仆为仇敌矣。如此，则行路皆践其面而蹈其心^③，谁救之哉？人或交天下之士，皆有欢爱，而失敬于兄者，何其能多而不能少也！人或将数万之师，得其死力，而失恩于弟者，何其能疏而不能亲也！

【注释】

①子侄：兄弟之子。

②群从：指堂兄弟及其子侄。

③践：践踏。蹈：踩，踏。

【原文】

娣姒者，多争之地也，使骨肉^①居之，亦不若各归四海，感霜露而相思，伫日月之相望也。况以行路之人，处多争之地，能无间者^②，鲜矣^③。所以然者，以其当公务而执私情，处重责而怀薄义也；若能恕^④己而行，换子而抚，则此患不生矣。

【注释】

①骨肉：指亲姊妹成为妯娌。

②间：隔阂。

③鲜：少。

④恕：宽恕，原谅。

【原文】

人之事兄，不可同于事父，何怨爱弟不及爱子^①乎？是反照而不明也。沛国刘琎，尝与兄瓛连栋②隔壁，瓛呼之数声不应，良久方答；瓛怪问之，乃曰："向来③未着衣帽故也。"以此事兄，可以免④矣。

【注释】

①怨爱弟不及爱子：指（弟弟）埋怨兄长爱自己的儿子胜过爱他。

②栋：房屋的正梁。

③向来：刚才。

④免：避免。此处指免除隔阂。

【原文】

江陵①王玄绍，弟孝英、子敏，兄弟三人，特相友爱，所得甘旨新异，非共聚食，必不先尝，孜孜②色貌，相见如不足③者。及西台陷没，玄绍以形体魁梧，为兵所围；二弟争共抱持，各求代死，终不得解，遂并命④尔。

【注释】

①江陵：古地名，在今湖北荆门一带。

②孜孜：勤勉尽力。

③不足：不完备。此处指兄弟间各自认为自己做得很不够。

④并命：相从而死。

治家篇

【题解】

本篇主要讲述治家之道，探讨了治家的一些方法和理论，并进行了总结。作者认为治理家庭必须自上而下，父母要给孩子做榜样；对子女的教育要宽严适当；子女的婚嫁要有正确的态度和立场；治家要从小事做起。

【原文】

夫风化①者，自上而行于下者也，自先而施于后者也。是以父不慈则子不孝，兄不友则弟不恭，夫不义则妇不顺矣。父慈而子逆，兄友而弟傲，夫义而妇陵②，则天之凶民，乃刑戮之所摄③，非训导之所移④也。

【注释】

①风化：风俗，教化。

②陵：通"凌"，欺侮。

③戮：杀，斩。摄：同"慑"，使人畏惧。

④移：改变。

【原文】

答怒废于家，则竖子之过立见①；刑罚不中，则民无所措手足②。治家之宽猛，亦犹国焉。

【注释】

①竖子：未成年的人。过：过失。见：出现。

②刑罚不中，则民无所措手足：意为刑罚不能恰如其分，老百姓就会不知如何行为才好。中：合适。措：安放。

【原文】

孔子曰："奢则不孙①，俭则固；与其不孙也，宁固②。"又云："如有周公之才之美，使骄且吝，其馀不足③观也已。"然则可俭而不可吝已。俭者，省约为礼之谓也；吝者，穷急不恤之谓也。今有施④则奢，俭则吝；如能施而不奢，俭而不吝，可矣。

【注释】

①孙：通"逊"，谦逊。

②固：鄙陋，简陋。

③足：值得。

④施：施舍，给予恩惠。

【原文】

生民①之本，要当稼穑②而食，桑麻③以衣。蔬果之畜④，园场之所产；鸡豚之善，垗⑤圈之所生。爰及栋宇器械，樵苏⑥脂烛，莫非种殖之物也。至能守其业者，闭门而为生之具⑦以足，但家无盐井耳。今北土风俗，率能躬俭节用，以赡⑧衣食；江南奢侈，多不逮焉。

【注释】

　①生民：人民。

　②稼：播种谷物。穑：收获谷物。

　③桑麻：指农事。

　④畜：积聚，储藏。

　⑤坩：墙壁上挖洞做成的鸡窠。

　⑥樵苏：充当燃料用的柴草。

　⑦为生之具：维持生活的必需品。

　⑧赡：供给。

【原文】

　梁孝元①世，有中书舍人，治家失度，而过严刻②，妻妾遂共货③刺客，伺醉而杀之。

【注释】

　①梁孝元：即梁元帝萧绎。

　②严刻：严厉苛刻。

　③货：贿赂。

【原文】

　世间名士①，但务宽仁；至于饮食饷②馈，僮仆减损，施惠然诺，妻子节量，狎侮宾客，侵耗乡党③：此亦为家之世蠹矣。

【注释】

①名士：旧指以诗文著称的人。

②饷：用食物款待。

③乡党：周制以五百家为党，以一万二千家为乡。此处泛指乡里。

【原文】

齐吏部侍郎房文烈，未尝嗔怒，经霖雨①绝粮，遣婢籴②米，因尔逃窜，三四许日，方复擒之。房徐曰："举家③无食，汝何处来？"竟无捶挞。尝寄④人宅，奴婢彻⑤屋为薪略尽，闻之颦蹙⑥，卒无一言。

【注释】

①霖雨：指连绵大雨。

②籴：买。

③举家：全家。

④寄：借。

⑤彻：通"撤"，拆毁。

⑥颦蹙：皱眉蹙额，不高兴的样子。

【原文】

裴子野①有疏亲故属饥寒不能自济者，皆收养之：家素清贫，时逢水旱，二石②米为薄粥，仅得遍焉，躬自同之，常无厌色。邺下③有一领军，贪积已甚，家童八百，誓满一千；朝夕每人肴膳，以十五钱为率④，遇有客旅，更无以兼。后坐事⑤伏法，籍⑥其家产，麻鞋一屋，弊衣数库，其馀财宝，不可胜言。南阳有人，为生奥博⑦，性殊俭吝，冬至后女婿谒之，乃设一铜瓯酒，数胾⑧獐肉；婿恨其单率，一举尽之。主人愕然，俯仰命益，如此者再；退而责其女曰："某郎好酒，故汝常贫。"及其死后，诸子争财，兄遂杀弟。

【注释】

①裴子野（469～530 年）：南朝梁史学家、文学家。字几原，河东闻喜（现今属山西）人。著名史学家裴松之曾孙。官至鸿胪卿，领步兵校尉。

②石：容量单位，十斗为一石。

③邺下：邺城。北齐都城，位于今河南临漳县。

④率：标准，规格。

⑤坐事：因事获罪。

⑥籍：籍没，登记并没收所有的财产。

⑦奥博：深藏广蓄，积累丰厚。

⑧胾：切成小块的肉。

【原文】

妇主中馈①，惟事②酒食衣服之礼耳，国不可使预政③，家不可使干蛊④；如有聪明才智，识达古今，正当辅佐君子⑤，助其不足，必无牝鸡晨鸣，以致祸也。

【注释】

①中馈：家中的饮食之事。

②事：从事。

③预政：参与政事。

④干蛊：此处指妇女主持家事。

⑤君子：古时妇女对丈夫的敬称。

【原文】

江东妇女，略无交游，其婚姻之家①，或十数年间未相识者，惟以信命赠遗②，致殷勤③焉。邺下风俗，专以妇持门户，争讼曲直，造请逢迎④，车乘填街衢⑤，绮罗盈府寺，代子求官，为夫诉屈。此乃恒、代之遗风乎？南间贫素⑥，皆事外饰，车乘衣服，必贵整齐；家人妻子，不免饥寒。河北人事⑦，多由内政⑧，绮罗金翠，不可废阙，羸马悴奴⑨，仅充而已；倡和之礼，或尔汝之。

【注释】

①婚姻之家：指亲家。

②遗：赠送。

③殷勤：情意恳切。

④造：前往，到。请：拜见。逢迎：迎接。

⑤衢：道路四通八达。

⑥贫素：清贫的人家。

⑦人事：指交际应酬之事。

⑧内政：家庭内部事务，此处借指主持家务的妇女。

⑨羸：瘦弱。

【原文】

河北妇人，织纴组𬘓①之事，黼黻②锦绣罗绮之工，大优于江东也。

【注释】

①织纴组𬘓：纴，指纺织；组，用丝织成的带子；𬘓，用丝织成像绳的带子。此指编织丝织品。

②黼黻：古代礼服上绣的花纹。

【原文】

太公①曰："养女太多，一费也。"陈蕃曰："盗不过五女之门。"女之为累，亦以深矣。然天生蒸②民，先人传体，其如之何？世人多不举③女，贼行骨肉，岂当如此，而望福于天乎？吾有疏亲，家饶妓媵，诞育将及，便遣阍④竖守之。体有不安，窥窗倚户，若生女者，辄持将去；母随号泣，使人不忍闻也。

【注释】

①太公：即吕尚，姜姓，名望，字子牙。周代齐国的始祖。

②蒸：众多。

③举：生养。

④阍：守门人。

【原文】

妇人之性，率宠子婿而虐儿妇。宠婿，则兄弟①之怨生焉；虐妇，则姊妹②之谗行焉。然则女之行留③，皆得罪于其家者，母实为之。至有谚云："落索阿姑④餐。"此其相报也。家之常弊，可不诫哉！

【注释】

①兄弟：指女儿的兄弟。

②姊妹：指儿子的姊妹。

③行：指女儿出嫁。留：指娶进儿媳妇。

④落索：冷落萧索。阿姑，婆婆。

【原文】

婚姻素对①，靖侯成规②。近世嫁娶，遂有卖女纳财，买妇输绢，比量③父祖，计较锱铢④，责多还少⑤，市井无异；或猥⑥婿在门，或傲妇擅室，贪荣求利，反招羞耻，可不慎欤？

【注释】

①对：相当。

②成规：前人定的规矩。

③比量：比较。

④锱铢：锱、铢都是旧时很小的重量单位。

⑤责：苛责。还：偿还。

⑥猥：下流。

【原文】

借人典籍，皆须爱护，先有①缺坏，就为补治，此亦士大夫百行②之一也。济阳江禄，读书未竟，虽有急速，必待卷束整齐，然后得起，故无损败，人不厌其求假③焉。或有狼籍④几案，分散部帙，多为童幼婢妾之所点污，风雨虫鼠之所毁伤，实为累德。吾每读圣人之书，未尝不肃敬对之；其故纸有《五经》词义及贤达姓名，不敢秽用也。

【注释】

①先有：之前就有。

②百行：封建社会上大夫订立身行己之道，共有百事，称为百行。

③假：借。

④狼籍：零乱而不整齐。

【原文】

吾家巫觋祷请①，绝于言议；符书章②醮，亦无祈焉，并汝曹所见也。勿为妖妄之费。

【注释】

①巫觋：古时称女巫为巫，男巫为觋，合称"巫觋"。祷请：向鬼神祈祷请求。

②章：道士消灾的办法。

慕贤篇

【题解】

本篇作者通过记述个人经历、思想及学识以告诫子孙。作者认为，年少初学时应该多结交有德行的君子，这样自己也可以潜移默化。

【原文】

古人云："千载一圣，犹旦暮也；五百年一贤，犹比膊也①。"言圣贤之难得，疏阔②如此。傥遭不世明达君子，安可不攀附景仰之乎？吾生于乱世，长于戎马，流离播越③，闻见已多；所值名贤，未尝不心醉魂迷向慕之也。人在年少，神情未定，所与款狎④，熏渍陶染，言笑举动，无心于学，潜移暗化，自然似之；何况操履艺能⑤，较明易习者也？是以与善人居，如入芝兰⑥之室，久而自芳也；与恶人居，如入鲍鱼之肆⑦，久而自臭也。墨子悲于染丝，是之谓矣。君子必慎交游焉。孔子曰："无友不如己者⑧。"颜、闵之徒，何可世得！但优于我，便足贵⑨之。

【注释】

①比：挨着，紧靠。瘤：肩胛。

②疏阔：稀少。

③播越：流亡，漂泊。

④款狎：指交往密切。

⑤操履：操守德行。艺能：本领，技能。

⑥芝兰：即"芷兰"，"芝"为借用字，都是有香味的草本植物。

⑦鲍鱼：一种用盐渍的带腥臭味的鱼。肆：店铺。

⑧无友不如己者：不跟不如自己的人交朋友。

⑨贵：敬重。

【原文】

世人多蔽①，贵耳贱目，重遥轻近。少长周旋②，如有贤哲，每相狎侮，不加礼敬；他乡异县，微藉风声③，延颈企踵④，甚于饥渴。校其长短，核其精粗，或彼不能如此矣。所以鲁人谓孔子为东家丘，昔虞国宫之奇，少长于君，君狎之，不纳其谏，以至亡国，不可不留心也。

【注释】

①蔽：蒙蔽。此处引申为偏见。

②少长：从年少到长大。

③藉：凭借，依靠。

④企踵：踮起脚后跟。

【原文】

用其言，弃其身，古人所耻。凡有一言一行，取于人者，皆显称①之，不可窃人之美，以为己力；虽轻虽贱者，必归功焉。

窃人之财，刑辟②之所处；窃人之美，鬼神之所责。

【注释】

①称：声言，表明。

②刑辟：刑法，刑律。

【原文】

梁孝元前在荆州，有丁觇者，洪亭民耳，颇善属文，殊工草隶；孝元书记①，一皆使之。

军府轻贱②，多未之重，耻令子弟以为楷法，时云："丁君十纸，不敌王褒数字。"吾雅爱其手迹，常所宝持。孝元尝遣典签惠编送文章示萧祭酒，祭酒问云："君王比赐书翰③，及写诗笔，殊为佳手，姓名为谁？那得都无声问？"编以实答。子云叹曰："此人后生无比，遂不为世所称，亦是奇事。"于是闻者稍复刮目。稍仕至尚书仪曹郎，末为晋安王侍读，随王东下。及西台陷殁，简牍湮散，丁亦寻卒于扬州；前所轻④者，后思一纸，不可得矣。

【注释】

①书记：指抄写文书。

②轻贱：地位低下。

③比：近来。

④轻：轻视，看不起。

【原文】

侯景初入建业①，台门②虽闭，公私草扰③，各不自全。太子左卫率羊侃坐东掖门，部分经略④，一宿皆办，遂得百馀日抗拒凶逆。于时，城内四万许人，王公朝士，不下一百，便是恃侃一人安之，其相去如此。古人云："巢父、许由，让于天下；市道小人，争一钱之利。"亦已悬⑤矣。

【注释】

①建业：建康（在今南京市）旧名。

②台门：台城的城门。

③草扰：纷乱惊扰。

④经略：策划，处理。

⑤悬：悬殊。

【原文】

齐文宣帝即位数年，便沉湎纵恣①，略无纲纪②；尚能委政尚书令杨遵彦，内外清谧③，朝野晏如，各得其所，物无异议，终天保之朝④。遵彦后为孝昭⑤所戮，刑政⑥于是衰矣。斛律明月，齐朝折冲⑦之臣，无罪被诛，将士解体，周人始有吞齐之志，关中至今誉之。此人用兵，岂止万夫之望而已哉！国之存亡，系其生死。

【注释】

①沉湎：多指嗜酒无度。纵恣：放纵恣肆。

②纲纪：法纪。

③谧：安宁。

④天保：北齐文宣帝年号（公元 550～559 年）。

⑤孝昭：北齐孝昭帝高演，字延安。

⑥刑政：刑律政令。

⑦折冲：指击退敌军。

【原文】

张延隽之为晋州行台①左丞，匡维②主将，镇抚疆场，储积器用，爱活黎民，隐若敌国矣。群小不得行志，同力迁③之；既代之后，公私扰乱，周师一举，此镇先平。齐亡之迹，启于是矣。

【注释】

①晋州：州名。北魏建义元年（公元 528 年）改唐州置。治所位于白马城（当今山西临汾市）。行台：在地方代表朝廷行尚书省事的机构称行台。

②匡维：匡，帮助；维，维护。

③迁：调离。

勉学篇

【题解】

本篇阐明了学习的重要性，告诫后代学习的最终目的是为了充实自己，弥补自身的不足，激励后代应当终身不倦地去学习，在学习的过程中也要保持谦虚。

【原文】

自古明王圣帝，犹须勤学，况凡庶乎！此事遍于经史，吾亦不能郑重，聊举近世切要，以启寤①汝耳。士大夫子弟，数岁已上，莫不被教，多者或至《礼》②、《传》，少者不失《诗》、《论》。及至冠婚③，体性稍定；因此天机，倍须训诱。有志尚者，遂能磨砺，以就素业④，无履立者，自兹堕⑤慢，便为凡人。人生在世，会当有业：农民则计量耕稼，商贾则讨论货贿，工巧则致精器用，伎艺则沈思法术，武夫则惯习弓马，文士则讲议经书。多见士大夫耻涉农商，差务工伎，射则不能穿札，笔则才记姓名，饱食醉酒，忽忽无事，以此销日，以此终年。或因家世余绪，得一阶半级，便自为足，全忘修学；及有吉凶大事，议论得失，蒙

家训铸乾坤——中国古代励志家训

然张口，如坐云雾；公私宴集，谈古赋诗，塞默低头，欠伸而已。有识旁观，代其入地。何惜数年勤学，长受一生愧辱哉！

【注释】

①寤：通"悟"。

②《礼》：指《礼记》。《传》：指《左传》。《论》：指《论语》。

③冠：古代男子二十岁行加冠之礼，称冠礼，表示已成年。

④素业：清素之业，即士族所从事的儒业。

⑤堕：通"惰"。

【原文】

梁朝全盛之时，贵游子弟，多无学术，至于谚云："上车不落则著作①，体中何如则秘书。"无不熏衣剃面，傅粉施朱，驾长檐车②，跟高齿屐③，坐棋子方褥，凭斑丝隐囊，列器玩于左右，从容出入，望若神仙。明经④求第，则顾人答策⑤；三九⑥公讌，则假手赋诗。当尔之时，亦快士也。及离乱之后，朝市⑦迁革，铨衡选举，非复曩者之亲；当路秉权，不见昔时之党。求诸身而无所得，施之世而无所用。被褐而丧珠，失皮而露质，兀若枯木，泊若穷流，鹿独⑧戎马之间，转死沟壑之际。当尔之时，诚驽材也。有学艺者，触地而安。自荒乱以来，诸见俘虏。虽百世小人⑨，知读《论语》、《孝经》者，尚为人师；虽千载冠冕，不晓书记者，莫不耕田养马。以此观之，安可不自勉耶？若能常保数百卷书，千载终不为小人也。

【注释】

①著作：即著作郎，官名，掌编纂国史。

070

②长檐车：一种用车幔覆盖整个车身的车子。

③高齿屐：一种装有高齿的木底鞋。

④明经：六朝以明经取士。

⑤答策：即对策。

⑥三九：指三公九卿。

⑦朝市：此指朝廷。

⑧鹿独：颠沛流离的样子。

⑨小人：指平民百姓。

【原文】

夫明《六经》之指①，涉百家之书，纵不能增益德行，敦厉风俗，犹为一艺②，得以自资。父兄不可常依，乡国不可常保，一旦流离，无人庇荫，当自求诸身耳。谚曰："积财千万，不如薄伎在身。"伎之易习而可贵者，无过读书也。世人不问愚智，皆欲识人之多，见事之广，而不肯读书，是犹求饱而懒营馔，欲暖而惰裁衣也。夫读书之人，自羲、农已来③，宇宙之下，凡识几人，凡见几事，生民之成败好恶，固不足论，天地所不能藏，鬼神所不能隐也。

【注释】

①六经：《诗》《书》《乐》《易》《礼》《春秋》。

②艺：技艺，才能。

③羲、农：伏羲、神农，均为传说中的旧时帝王，与女娲并称三皇。

【原文】

有客难主人①曰："吾见强弩长戟②，诛罪安民，以取公侯者有矣；文义③习吏，匡时富国，以取卿相者有矣；学备古今，才兼文武，身无禄位，妻子饥寒者，不可胜数，安足贵学乎？"主人对曰："夫命之穷达，犹金玉木石也；以瘝学艺，犹磨莹雕刻也。金玉之磨莹，自美其矿璞^④，木石之段块，自丑其雕刻；安可言木石之雕刻，乃胜金玉之矿璞哉？不得以有学之贫贱，比于无学之富贵也。且负甲为兵，咋笔为吏，身死名灭者如牛毛，角立杰出者如芝草；握素披黄^⑤，吟道咏德，苦辛无益者如日蚀，逸乐名利者如秋荼，岂得同年而语矣。且又闻之：生而知之者上，学而知之者次。所以学者，欲其多知明达耳。必有天才，拔群出类，为将则暗与孙武、吴起同术，执政则悬^⑥得管仲、子产之教，虽未读书，吾亦谓之学矣。今子即不能然，不师古之踪迹，犹蒙被而卧耳。

【注释】

①主人：作者自称。

②弩、戟：古代兵器。

③文：文饰。义：礼仪。

④璞：未经雕琢的玉石。

⑤素：即绢素。黄：即黄卷。素、黄均代指书籍。

⑥悬：预先。

【原文】

人见邻里亲戚有佳快^①者，使子弟慕而学之，不知使学古人，何其蔽也哉？世人但见跨马被甲，长凛强弓，便云我能为将；不知明乎天道，辨乎地利，比量逆顺，鉴达兴亡之妙也。但知承上接下，积财聚谷，便云我能为相；不知敬鬼事神，移风易俗，调节阴阳，荐举贤圣之至^②也。但知私财不入，公事凤办，便云我能治民；不知诚己刑物③，执辔如组④，反风灭火，化鸱为凤之术也。但知抱令守律，早刑晚舍，便云我能平狱；不知同辕观罪，分剑追财，假言而奸露，不问而情得之察也。爰及农商工贾，厮役奴隶，钓鱼屠肉，饭牛牧羊，皆有先达，可为师表，博学求之，无不利于事也。

【注释】

①佳快：优秀。

②至：周密。

③刑：同"型"。刑物：给人做出榜样。

④辔：马缰绳。组：用丝织成的宽带子。

【原文】

夫所以读书学问，本欲开心明目，利于行耳。未知养亲者，欲其观古人之先意承颜①，怡声下气②，不惮劬劳，以致甘飺③，惕然惭惧，起而行之也；未知事君者，欲其观古人之守职无侵，见危授命④，不忘诚谏，以利社稷，恻然自念，思欲效之也；素骄奢者，欲其观古人之恭俭节用，卑以自牧，礼为教本，敬者身基，瞿然自失，敛容抑志也；素鄙吝者，欲其观古人之贵义轻财，少私寡欲，忌盈恶满，赒穷恤匮，赧然悔耻，积而能散也；素暴悍者，欲其观古人之小心黜己，齿弊舌存，含垢藏疾⑤，尊贤容众，廓然沮丧，若不胜衣⑥也；素怯懦者，欲其观古人之达生委命⑦，强毅正直，立言必信，求福不回，勃然奋厉，不可恐慑也：历兹以往，百行皆然。纵不能淳，去泰去甚。学之所知，施无不达。世人读书者，但能言之，不能行之，忠孝无闻，仁义不足；加以断一条讼，不必得其理，宰千户县⑧，不必理其民；

问其造屋，不必知楣⑨横而梲竖也；问其为田，不必知稷早而黍迟也；吟啸谈谑，讽咏辞赋，事既优闲，材增迂诞，军国经纶，略无施用：故为武人俗吏所共嗤诋，良由是乎！

【注释】

　　①先意承颜：指孝子先父母之意而顺承其志。

　　②怡声下气：指声气和悦，形容恭顺的样子。

　　③癳：肉柔软脆嫩。

　　④授命：献出生命。

　　⑤含垢藏疾：包容污垢，藏匿恶物。形容宽宏大量。

　　⑥不胜衣：谦恭退让的样子。

　　⑦委命：听任命运支配。

　　⑧千户县：指最小的县。

　　⑨楣：房屋的横梁。

【原文】

　　夫学者所以求益耳。见人读数十卷书，便自高大，凌忽长者，轻慢同列；人疾之如仇敌，恶之如鸱枭①。如此以学自损，不如无学也。

【注释】

　　①鸱枭：即猫头鹰，古人视之为恶鸟。

【原文】

　　古之学者为己，以补不足也；今之学者为人，但能说之也。古之学者为人，行道以利世也；今之学者为己，修身以求进也。夫学者犹种树也，春玩其华，秋登其实；讲论文章，春华也，修身利行^①，秋实也。

【注释】

①修身利行：涵养德行，以利于事。

【原文】

人生小幼，精神专利，长成已后，思虑散逸，固须早教，勿失机也。吾七岁时，诵《灵光殿赋》^①，至于今日，十年一理，犹不遗忘；二十之外，所诵经书，一月废置，便至荒芜矣。然人有坎壈^②，失于盛年，犹当晚学，不可自弃。孔子云："五十以学《易》，可以无大过矣。"魏武^③、袁遗，老而弥笃，此皆少学而至老不倦也。曾子七十乃学，名闻天下，荀卿^④五十，始来游学，犹为硕儒；公孙弘^⑤四十余，方读《春秋》，以此遂登丞相；朱云^⑥亦四十，始学《易》、《论语》；皇甫谧^⑦二十，始受《孝经》、《论语》：皆终成大儒，此并早迷而晚寤也。世人婚冠未学，便称迟暮，因循面墙，亦为愚耳。幼而学者，如日出之光，老而学者，如秉烛夜行，犹贤乎瞑目而无见者也^⑧。

【注释】

①《灵光殿赋》：东汉文学家王逸的儿子王延寿所作。灵光殿：西汉宗室鲁恭王所建。

②坎壈：困顿，不得志。

③魏武：即魏武帝曹操。

④荀卿：名况，战国时思想家、教育家。

⑤公孙弘：字季，汉代人。

⑥朱云：字游，汉代平陵人。

⑦皇甫谧：字士安，晋代学者。

⑧《说苑·建本》："师旷曰：'少而好学，如日出之阳；壮而好学，如日中之光；老而好学，如秉烛之明。秉烛之明，孰与昧行乎？'"

【原文】

学之兴废，随世轻重。汉时贤俊，皆以一经弘圣人之道，上明天时，下该人事，用此致卿相者多矣。末俗①已来不复尔，空守章句②，但诵师言，施之世务，殆无一可。故士大夫子弟，皆以博涉为贵，不肯专儒。梁朝皇孙以下，总瘣之年，必先入学，观其志尚，出身已后③，便从文吏，略无卒业者。冠冕为此者④，则有何胤、刘𬱟、明山宾、周舍、朱异、周弘正、贺琛、贺革、萧子政、刘缵等，兼通文史，不徒讲说也。洛阳亦闻崔浩、张伟、刘芳，邺下又见邢子才：此四儒者，虽好经术，亦以才博擅名。如此诸贤，故为上品，以外率多田野间人，音辞鄙陋，风操蚩拙，相与专固，无所堪能，问一言辄酬数百，责其指归，或无要会⑤。邺下谚云："博士⑥买驴，书券三纸，未有驴字。"使汝以此为师，令人气塞。孔子曰："学也禄在其中矣。"今勤无益之事，恐非业也。夫圣人之书，所以设教，但明练经文，粗通注义，常使言行有得，亦足为人；何必"仲尼居"即须两纸疏义⑦，燕寝讲堂⑧，亦复何在？以此得胜，宁有益乎光阴可惜，譬诸逝水。当博览机要，以济功业；必能兼美，吾无间⑨焉。

【注释】

①末俗：末世的风俗。

②章句：指古书的章节句读。

③出身：指出仕。

④冠：帽子的总称。冕：旧时贵族所戴的礼冠。此处代指仕宦。

⑤要会：要旨。

⑥博士：国子学中主讲《经》的人，此处泛指执教的人。

⑦疏义：系对经注而言，注是注解经文，疏是演释注文。

⑧燕寝：闲居之处。讲堂：讲习之所。

⑨间：嫌隙，此处指批评。

【原文】

俗间儒士，不涉群书，经纬①之外，义疏②而已。吾初入邺，与博陵崔文彦交游，尝说《王粲集》中难郑玄《尚书》事③，崔转为诸儒道之，始将发口，悬见排蹙④，云："文集只有诗赋铭诔⑤，岂当论经书事乎？且先儒之中，未闻有王粲也。"崔笑而退，竟不以粲集示之。魏收⑥之在议曹，与诸博士议宗庙事，引据《汉书》，博士笑曰："未闻《汉书》得证经术"。收便忿怒，都不复言，取《韦玄成传》，掷之而起。博士一夜共披寻之，达明，乃来谢曰："不谓玄成如此学也。"

【注释】

①经纬：经书和纬书。经书指儒家经典著作。纬书是汉代混合神学附会儒家经义的书。有《诗》、《书》、《礼》、《乐》、《易》、《春秋》和《孝经》七经的纬书，总称七纬。

②义疏：解经之书，其名源于佛家的解释佛典。

③王粲：字仲宣，山阳高平人（今山东邹县），汉末文学家。"建安七子"之一。郑玄：字康成，北海高密（今属山东）人，东汉经学家。他是汉代经学的集大成者，称郑学。

④排蹙：排挤，此处引申为斥责。

⑤赋、铭、诔：均为文体名，与诗同为有韵之文。

⑥魏收：北齐文学家、史学家。

【原文】

夫老、庄之书，盖全真养性①，不肯以物累己②也。故藏名柱史③，终蹈流沙；匿迹漆园④，卒辞楚相，此任纵之徒耳。何晏⑤、王弼⑥，祖述玄宗⑦，递相夸尚，景⑧附草靡，皆以农、黄之化⑨，在乎己身，周、孔之业⑩，弃之度外。而平叔以党曹爽⑪见诛，触死权之网也；辅嗣以多笑人被疾，陷好胜之阱也；山巨源以蓄积取讥，背多藏厚亡之文也；夏侯玄⑫以才望被戮，无支离拥肿之鉴也；荀奉倩丧妻，神伤而卒，非鼓缶⑬之情也；王夷甫悼子，悲不自胜，异东门之达也；嵇叔夜⑭排俗取祸，岂和光同尘之流也；郭子玄以倾动专势，宁后身外己之风也；阮嗣宗⑮沉酒荒迷，乖畏途相诫之譬也；谢幼舆⑯赃贿黜削，违弃其馀鱼之旨也：彼诸人者，并其领袖，玄宗所归。其余桎梏尘滓之中，颠仆名利之下者，岂可备言乎！直取其清谈雅论，剖玄析微，宾主往复⑰，娱心悦耳，非济世成俗之要也。洎于梁世，兹风复阐，《庄》、《老》、《周易》，总谓《三玄》。武皇、简文，躬自讲论。周弘正奉赞大猷⑱，化行都邑，学徒千余，实为盛美。元帝在江、荆间，复所爱习，召置学生，亲为教授，废寝忘食，以夜继朝，至乃倦剧⑲愁愤，辄以讲自释。吾时颇预末筵，亲承音旨，性既顽鲁，亦所不好云。

【注释】

①全真：保持本性。

②不肯以物累己：不因为外物而损伤自己。

③柱史：即柱下史省称，周秦时官名。

④漆园：在今山东曹县。

⑤何晏：曹魏时玄学家，字平叔。有《道德论》及诸文赋，凡数十篇。

⑥王弼：曹魏时玄学家，字辅嗣。著有《道略论》，注《易》、《老子》。卒年二十四。

⑦玄宗：指道教。

⑧景："影"的本字。

⑨农、黄：神农、黄帝，道家以神农、黄帝为宗。

⑩周、孔：周公、孔子，儒家以周公、孔子为宗。

⑪曹爽：曹魏明帝的宠臣。

⑫夏侯玄：曹魏玄学家，字太初。

⑬缶：古代盛酒的瓦器。

⑭嵇叔夜：曹魏玄学家，名康，三国魏谯郡人，竹林七贤之一。

⑮阮嗣宗：即阮籍，曹魏玄学家，竹林七贤之一。

⑯谢幼舆：即谢鲲，西晋玄学家。

⑰宾主往复：即宾主问答。

⑱大猷：治国的大道。

⑲倦剧：疲倦到极点。

【原文】

齐孝昭帝侍娄太后疾①，容色憔悴，服膳减损。徐之才②为炙两穴，帝握拳代痛，爪入掌心，血流满手。后既痊愈，帝寻疾崩，遗诏恨不见山陵③之事。其天性至孝如彼，不识忌讳如此，良由无学所为。若见古人之讥欲母早死而悲哭之④，则不发此言也。孝为百行之首，犹须学以修饰之，况余事乎！

【注释】

①齐孝昭帝：名演，字延安，北齐君主，公元560年在位。娄太后：

《北齐书·神武明皇后传》："娄氏，讳昭君，司徒内干之女。"

②徐之才：《北齐书·徐之才传》："之才，丹阳人，大善医术，兼有机辩。"

③山陵：指帝王或皇后的坟墓。

④《淮南子·说山》："东家母死，其子哭之不哀。西家子见之，归谓其母曰：'社何爱速死，吾必悲哭社。'夫欲其母之死者，虽死亦不能悲哭矣。"

【原文】

梁元帝尝为吾说："昔在会稽①，年始十二，便已好学。时又患疥，手不得拳，膝不得屈。闲斋张葛②帏避蝇独坐，银瓯贮山阴甜酒，时复进之，以自宽痛。率意自读史书，一日二十卷，既未师受，或不识一字，或不解一语，要自重之，不知厌倦。"帝子之尊，童稚之逸，尚能如此，况其庶士，冀以自达者哉？

【注释】

①会稽：郡名。南朝时其治所在山阴（今浙江绍兴）。

②葛：一种多年生的蔓草。其茎的纤维可制葛布。

【原文】

古人勤学，有握锥投斧①，照雪聚萤②，锄则带经，牧则编简③，亦为勤笃。梁世彭城刘绮，交州刺史勃之孙，早孤家贫，灯烛难办，常买荻尺寸折之，然④明夜读。孝元初出会稽，精选寮案，绮以才华，为国常侍兼记室⑤，殊蒙礼遇，终于金紫光禄⑥。义阳朱詹，世居江陵，后出扬都⑦，好学，家贫无资，累日不爨⑧，乃时吞纸以实腹。寒无毡被，抱犬而卧。犬亦饥虚，起行盗食，呼之不至，哀声动邻，犹不废业，卒成学士，官至镇南录事参军，为孝元所礼。此乃不可为之事，亦是勤学之一人。东莞臧逢世，年二十余，欲读班固《汉书》，苦假借不久，乃就姊夫刘缓乞丐客刺⑨书翰纸末，手写一本，军府服其志尚，卒以《汉书》闻。

【注释】

①握锥：指战国时苏秦以锥刺股事。

②照雪：《初学记》引《宋齐语》："孙康家贫，常映雪读书，清淡，交游不杂。"聚萤：《晋书·车武子传》："武子，南平人。博学多通。家贫，不常得油，夏月则练囊盛数十萤火以照书，以夜继日焉。"

③《汉书·路温舒传》："温舒，字长君，钜鹿东里人。父为里监门，使温舒牧羊，取泽中蒲，截以为牒，编用书写。"

④然："燃"的本字。

⑤《隋书·百官志》："皇子府置中录事，中记室、中直兵等参军，功曹史、录事、中兵等参军。王国置常侍官。"

⑥《隋书·百官志》："特进、左右光禄大夫、金紫光禄大夫，并为散官，以加文武官之德声者。"

⑦扬都：指建业，即今江苏南京市。

⑧爨：烧火煮饭。

⑨客刺：名片。

【原文】

齐有宦者内参①田鹏鸾，本蛮人也。年十四五，初为阉寺②，便知好学，怀袖握书，晓夕讽诵。所居卑末，使彼苦辛，时伺闲隙，周章③询请。每至文林馆④，气喘汗流，问书之外，不暇他语。及睹古人节义之事，未尝不感激沈吟久之。吾甚怜爱，倍加开奖。后被赏遇，赐名敬宣，位至侍中开府⑤。后主之奔青州，遣其西出，参伺动静，为周军所获。问齐主何在，绐云："已去，计当出境。"疑其不信，欧捶服之，每折一支，辞色愈厉，竟断四体而卒。蛮夷童瘴，犹能以学成忠，齐之将相，比敬宣之奴不若也。

【注释】

①内参：宦官。

②阉寺：官名。即阉人、寺人。

③周章：周游。

④文林馆：官署名。北齐置，掌著作及校理典籍，兼训生徒，置学士。

⑤侍中：职官名。开府：开建府署，辟置僚属。

【原文】

邺平之后，见徙入关。思鲁尝谓吾曰："朝无禄位，家无积财，当肆筋力，以申供养。每被课笃①，勤劳经史，未知为子，可得安乎？"吾命之曰："子当以养为心，父当以学为教。使汝弃学徇财，丰吾衣食，食之安得甘？衣之安得暖？若务先王之道，绍家世之业，藜羹②瘴褐，我自欲之。"

【注释】

①笃：通"督"，视察。

②藜羹：用嫩藜煮成的羹，这里指食物粗劣。

【原文】

《书》曰："好问则裕①。"《礼》云："独学而无友，则孤陋而寡闻。"盖须切磋相起②明也。见有闭门读书，师心自是，稠人广坐，谬误差失者多矣。《穀梁传》称公子友与莒孥相搏，左右呼曰："孟劳"③。"孟劳"④者，鲁之宝刀名，亦见《广雅》。近在齐时，有姜仲岳谓："'孟劳'者，公子左右，姓孟名劳，多力之人，为国所宝。"与吾苦诤。时清河郡守邢峙，当世硕儒，助吾证之，赧然而伏。又《三辅决录》云："灵帝殿柱题曰：'堂堂乎张，京兆田郎。'"盖引《论语》，偶以四言，目京兆人田凤⑤也。有一才士，乃言："时张京兆及田郎二人皆堂堂耳。"闻吾此说，初大惊骇，其后寻愧悔焉。江南有一权贵，读误本《蜀都赋》注，解"蹲鸱，芋也"，乃为"羊"字；人馈羊肉，答书云："损惠蹲鸱。"举朝惊骇，不解事义，久后寻迹，方知如此。元氏之世⑥，在洛京⑦时，有一才学重臣，新得《史记音》，而颇纰缪，误反"颛顼"字，顼当为许录反，错作许缘反⑧，遂谓朝士言："从来谬音'专旭'，当音'专翾'耳。"此人先有高名，翕然信行；期年之后，更有硕儒，苦相究讨，方知误焉。《汉书·王莽⑨赞》云："紫色蛙声，馀分闰位。"谓以伪乱真耳。昔吾尝共人谈书，言乃王莽形状，有一俊士，自许⑩史学，名价甚高，乃云："王莽非直鸱目虎吻，亦紫色蛙声。"又《礼乐志》云："给太官挏马酒。"李奇注："以马乳为酒也，撞挏乃成。"二字并从手。挏，此谓撞捣挺挏之，今为酪酒亦然。向学士又以为种桐时，太官酿马酒乃熟。其孤陋遂至于此。太山羊肃，亦称学问，读潘岳赋："周文弱枝之枣⑪"，为杖策之杖；《世本》⑫："容成造磨。"以磨为碓磨之磨。

【注释】

①裕：充足。

②起：启发，开导。

③孟劳：僖公元年的力士。

④《广雅》：三国魏张揖撰，原三卷，为研究古汉语词汇和训诂的重要著作。

⑤田凤：京兆人，时为尚书郎。

⑥元氏之世：指北魏。元氏为北魏皇帝之姓。

⑦洛京：即洛阳。北魏于孝文帝太和十八年自代迁都洛阳。

⑧误反三句：反，即反切，是我国给汉字注音的一种传统方法。用两个汉字来注另一个汉字的读音。两个字中，前者称反切上字，后者称反切下字。被切字的声母和清浊跟反切上字相同，被切者的韵母和字调跟反切下字相同。此句中"颛顼"的项的字音为"许录反"，亦即以许、录二字相切而成。颛顼：传说中古代部族首领，号高阳氏。

⑨王莽：字巨君，汉人，新王朝的建立者。

⑩自许：自我赞许。

⑪潘岳：西晋文学家。弱枝之枣：枣名。

⑫世本：书名。战国时史官所撰，记黄帝讫春秋时诸侯大夫的氏族、世系、居（都邑）、作（制作）等。《汉书·艺文志》著录十五卷，原书已逸，清人雷学淇等有辑本。

【原文】

谈说制文，援引古昔，必须眼学，勿信耳受。江南闾里①间，士大夫或不学问，羞为鄙朴，道听途说，强事饰辞：呼徵质②为周、郑，谓霍乱为博陆，上荆州必称陕西，下扬都言去海郡，言食则皂口，道钱则孔方③，问移则楚丘，论婚则宴尔，及王则无不仲宣④，语刘则无不公幹⑤。凡有一二百件，传相祖述⑥，寻问莫知原由，施安时复失所。庄生有乘时鹊起之说，故谢朓诗曰："鹊起登吴台。"吾有一亲表，作《七夕》诗云："今夜吴台鹊，亦共往填河。"《罗浮山记》云："望平地树如荠。"故戴暠诗云："长安树如荠。"又邺下有一人《咏树》诗云："遥望长安荠。"又尝见谓矜诞为夸毗⑦，呼高年为富有春秋⑧，皆耳学之过也。

【注释】

①闾里：乡里。

②质：典当，抵押，以财物或人作保证。

③孔方：又作"孔方兄"。钱的别称，因旧时铜钱中有方孔。

④仲宣：王粲的字，汉末著名文学家，建安七子之一。

⑤公幹：刘桢的字，汉末文学家，建安七子之一。

⑥祖述：效法、遵循前人的行为或学说。

⑦夸毗：以谄谀、卑屈取媚于人。

⑧富有春秋：指年纪小。

【原文】

夫文字者，坟籍根本。世之学徒，多不晓字：读《五经》者，是徐邈而非许慎①；习赋诵者，信褚诠②而忽吕忱；明《史记》者，专徐、邹而废篆籀③；学《汉书》者，悦应、苏而略《苍》、《雅》④。不知书音是其枝叶，小学乃其宗系。至见服虔、张揖音义则贵之⑤，得《通俗》、《广雅》而不屑。一手之中，向背如此，况异代各人乎？

【注释】

①徐邈：晋东莞姑幕人。博涉多闻，著有《五经音训》。许慎：字叔重，东汉经学家、文字学家，汝南召陵人。著有《说文解字》。

②褚诠：事迹不详。

③篆籀：均为古代书体，通行于战国秦时。

④应：指应劭。苏：即苏林，字孝友，陈留外黄人。

⑤服虔：初名重，又名岭，字子慎，河南荥阳人，东汉经学家。张揖：字稚让，曾官博士，三国时魏国清河人。著有《埤苍》《古今字诂》《广雅》。

【原文】

夫学者贵能博闻也。郡国山川[①]，官位姓族[②]，衣服饮食，器皿制度[③]，皆欲根寻，得其原本；至于文字，忽[④]不经怀，已身姓名，或多乖舛，纵得不误，亦未知所由。近世有人为子制名：兄弟皆山傍立字，而有名峙者；兄弟皆手傍立字，而有名昧者；兄弟皆水傍立字，而有名凝者。名儒硕学，此例甚多。若有知吾钟之不调，一何可笑。

【注释】

①郡国：汉代区划分郡与国。郡直辖于朝廷，国分封于诸王侯。

②姓族：姓氏家族。

③制度：法令礼俗的总称。

④忽：轻视。

【原文】

吾尝从齐主幸并州[①]，自井陉[②]关入上艾县，东数十里，有猎闾村。后百官受马粮在晋阳东百余里亢仇城侧。并不识二所本是何地，博求古今，皆未能晓。及检《字林》、《韵集》，乃知猎闾是旧䝤馀聚，亢仇旧是䀫䂋亭，悉属上艾。时太原王劭[③]欲撰乡邑记注，因此二名闻之，大喜。

【注释】

①齐主：指北齐文宣帝高洋。幸：帝王驾临。并州：旧州名，治所为晋阳（在今山西太原市）。

②井陉：即井陉山，为太行八陉之一。

③王劭：字君懋，南朝齐太原晋阳人，曾任中书舍人等职。

【原文】

吾初读《庄子》"蜩①二首"，《韩非子》②曰："虫有蜩者，一身两口，争令相啮③，遂相杀也"，茫然不识此字何音，逢人辄问，了无解者。案：《尔雅》诸书，蚕蛹名蜩，又非二首两口贪害之物。后见《古今字诂》，此亦古之虺字，积年凝滞，豁然雾解。

【注释】

①蜩：传说中身上长两只嘴的怪物。

②《韩非子》：书名，战国哲学家韩非死后，后人搜集其遗著，并加入他人论述韩非学说的文章编成。

③啮：咬。

【原文】

尝游赵州①，见柏人②城北有一小水，土人亦不知名。后读城西门徐整③碑云："瘤流东指。"众皆不识。吾案《说文》④，此字古魄字也，瘤，浅水貌。此水汉来本无名矣，直以浅貌目之，或当即以瘤为名乎？

【注释】

①赵州：州名。治所在广阿（位于今河北隆尧东旧城）。

②柏人：古县名。

③徐整：字文操，豫章人，仕吴为太常卿。

④《说文》：即《说文解字》，为我国第一部系统地分析字形和考究字源的字书。东汉许慎所著。

【原文】

世中书翰①，多称勿勿，相承如此，不知所由，或有妄言此忽忽之残缺耳。案：《说文》："勿者，州里所建之旗也，象其柄及三旒之形，所以趣②民事。故悤遽者称为勿勿。"

【注释】

①书翰：书信。

②趣：催，催促。

【原文】

吾在益州①，与数人同坐，初晴日晃，见地上小光，问左右："此是何物？"有一蜀竖就视，答云："是豆逼耳。"相顾愕然，不知所谓。命取将②来，乃小豆也。穷访蜀士，呼粒为逼，时莫之解。吾云："《三苍》、《说文》，此字白下为匕，皆训粒，《通俗文》音方力反。"众皆欢悟。

【注释】

①益州：州名。

②将：助词。

【原文】

憨楚友婿窦如同从河州①来，得一青鸟，驯养爱玩，举俗呼之鹃②。吾曰："鹃出上党③，数曾见之，色并黄黑，无驳杂也。故陈思王④《鹃赋》云：'扬玄黄之劲羽。'"试检《说文》："鹃雀似鹃而青，出羌中。"《韵集》⑤音介。此疑顿释。

【注释】

①河州：州名。

②鹃：鸟名，又名鹃鸡。

③上党：郡名。治所在壶关（位于今山西省长治县东南）。

④陈思王：即曹植。

⑤《韵集》：韵书。

【原文】

梁世有蔡朗者讳纯，既不涉学，遂呼莼为露葵①。面墙之徒，递相仿效。承圣②中，遣一士大夫聘齐③，齐主客郎④李恕问梁使曰："江南有露葵否？"答曰："露葵是莼，水乡所出。卿今食者绿葵菜耳。"李亦学问，但不测彼之深浅，乍闻无以核究。

【注释】

①莼：莼菜，又名"水葵"。水生植物，春、夏季嫩叶可作蔬菜。露葵：即冬葵，八九月种植。

②承圣：梁元帝年号。

③齐：指北齐。

④主客郎：官名，属祠部尚书所统。

【原文】

思鲁等姨夫彭城刘灵，尝与吾坐，诸子侍焉。吾问儒行、敏行曰："凡字与咨议①名同音者，其数多少，能尽识乎？"答曰：

"未之究也，请导示之。"吾曰："凡如此例，不预研检，忽见不识，误以问人，反为无赖所欺，不容易也。"因为说之，得五十许字。诸刘②叹曰："不意乃尔！"若遂不知，亦为异事。

【注释】

①咨议：咨议参军。

②诸刘：指刘灵的儿子们。

【原文】

校定书籍，亦何容易，自扬雄、刘向①，方称此职耳。观天下书未遍，不得妄下雌黄。或彼以为非，此以为是；或本同末异；或两文皆欠，不可偏信一隅也。

【注释】

①扬雄：字子云，西汉文学家、哲学家、语言学家。蜀郡成都（当今属四川）人。刘向：字子政，西汉经学家、目录学家、文学家。沛（今江苏沛县）人。

名实篇

【题解】

　　本篇主要探讨名与实的关系，作者通过列举自己亲历或亲闻的事例，告诫后人务必诚实笃信，不图虚名。

【原文】

　　名之与实①，犹形之与影也。德艺周厚，则名必善焉；容色姝丽，则影必美焉。今不修身而求令名于世者，犹貌甚恶而责妍影于镜也。上士忘名，中士立名，下士窃名。忘名者，体道②合德，享鬼神之福佑，非所以求名也；立名者，修身慎行，惧荣观之不显，非所以让名也；窃名者，厚貌深奸，干浮华之虚称，非所以得名也。

【注释】

　　①名：名声。实：实质。
　　②道：事理，规律。

【原文】

人足所履，不过数寸，然而咫尺之途，必颠蹶①于崖岸，拱把之梁②，每沉溺于川谷者，何哉？为其旁无馀地故也。君子之立己，抑亦如之。至诚之言，人未能信，至洁之行，物③或致瑕，皆由言行声名，无馀地也。吾每为人所毁，常以此自责。若能开方轨④之路，广造舟⑤之航，则仲由之言信，重于登坛之盟，赵熹之降城，贤于折冲之将矣。

【注释】

①颠蹶：颠仆、跌倒。

②拱把之梁：两手合围为拱，一手两握为把。拱把之梁，指小独木桥。

③物：即人。

④方轨：此处指平坦的大道。

⑤造舟：连船为桥，如现代的浮桥。

【原文】

吾见世人，清名登而金贝①入，信誉显而然诺亏，不知后之矛戟，毁前之干橹②也。宓子贱③云："诚于此者形于彼④。"人之虚实真伪在乎心，无不见乎迹，但察之未熟耳。一为察之所鉴，巧伪不如拙诚，承之以羞大矣。伯石让卿⑤，王莽辞政⑥，当于尔时，自以巧密；后人书之，留传万代，可为骨寒毛竖也。近有大贵，以孝著声，前后居丧，哀毁⑦逾制，亦足以高于人矣。而尝于苫块⑧之中，以巴豆⑨涂脸，遂使成疮，表哭泣之过。左右童竖，不能掩之，益使外人谓其居处饮食，皆为不信。以一伪丧百诚者，乃贪名不已故也。

【注释】

①金贝：指货币。

②干橹：指盾牌。

③宓子贱：春秋末期鲁国人，名不齐，孔子学生。

④诚于此者形于彼：在一件事上态度诚实，是另一件事的榜样。

⑤伯石让卿：指春秋时郑国的伯石假意推辞对自己的任命一事。

⑥王莽辞政：指东汉末王莽假意推辞不当大司马事。

⑦哀毁：居丧时过度悲伤而伤害身体。后指居丧尽礼之辞。

⑧苫块：即"寝苫枕块"。古人为父母守丧时，以草垫为席，土块为枕。

⑨巴豆：植物名。果实阴干后，可供药用。

【原文】

有一士族，读书不过二三百卷，天才钝拙，而家世殷厚，雅自矜持，多以酒犊珍玩，交诸名士，甘其饵①者，递共吹嘘。朝廷以为文华，亦尝出境聘②。东莱王韩晋明笃好文学，疑彼制作，多非机杼③，遂设宴言④，面相讨试。竟日欢谐，辞人满席，属音赋韵，命笔为诗，彼造次⑤即成，了非向韵⑥。众客各自沉吟，遂无觉者。韩退叹曰："果如所量！"韩又尝问曰："玉珽杼上终葵首⑦，当作何形？"乃答云："珽头曲圜，势如葵叶⑧耳。"韩既有学，忍笑为吾说之。

【注释】

①饵：利诱。

②聘：古时国与国之间通问修好。

③机杼：织布机，比喻诗文创作中构思新颖巧妙。

④宴言：指宴饮时的言谈。

⑤造次：仓促。

⑥韵：此处指作品风格。

⑦玉珽：即玉笏，古时天子所持的玉制手板。杼：削薄。

⑧葵叶：指终葵的叶子，此处为草名。

【原文】

治点子弟文章，以为声价，大弊事也。一则不可常继，终露其情；二则学者有凭，益不精励。

【原文】

邺下有一少年，出为襄国令，颇为勉笃。公事经怀①，每加抚恤，以求声誉。凡遣兵役，握手送离，或赍②梨枣饼饵，人人赠别，云："上命相烦，情所不忍；道路饥渴，以此见思。"民庶称之，不容于口。及迁为泗州别驾③，此费日广，不可常周，一有伪情，触涂难继，功绩遂损败矣。

【注释】

①经怀：经心。

②赍：送东西给人。

③泗州：《隋书·地理志》："下盈郡，后魏置南徐州，后周改为泗州。"别驾：官名。

【原文】

或问曰："夫神灭形消，遗声馀价，亦犹蝉壳蛇皮，兽远①鸟迹耳，何预于死者，而圣人以为名教②乎？"对曰："劝也，劝其立名，则获其实。且劝一伯夷③，而千万人立清风矣；劝一季札④，而千万人立仁风矣；劝一柳下惠⑤，而千万人立贞风矣；劝一史鱼⑥，而千万人立直风矣。故圣人欲其鱼鳞凤翼，杂沓参差⑦，不绝于世，岂不弘哉？四海悠悠，皆慕名者，盖因其情而致其善耳。抑又论之，祖考⑧之嘉名美誉，亦子孙之冕服⑨墙宇也，自古及今，获其庇荫者亦众矣。夫修善立名者，亦犹筑室树果，生则获其利，死则遗其泽。世之汲汲⑩者，不达此意，若其与魂爽⑪俱升，松柏偕茂者，惑矣哉！"

【注释】

①远：野兽的脚印。

②名教：指以正定名分为主的封建礼教。

③伯夷：商末孤竹君长子。曾与其弟叔齐互让王位。后与叔齐投奔周，又反对武王伐商，逃往首阳山，不食周粟而死。

④季札：春秋时吴国贵族，又称公子札。曾多次辞让君位。

⑤柳下惠：春秋时鲁国大夫。以善讲礼节著称。

⑥史鱼：春秋时卫国大夫，以正直敢谏著称。

⑦鱼鳞：鱼的鳞片。形容很密集。杂沓：众多杂乱的景象。参差：不齐貌。

⑧祖考：祖先。

⑨冕服：旧时统治者举行吉礼时所用的礼服。冕指冕冠，服指服饰。

⑩汲汲：形容心情急切。

⑪魂爽：即魂魄。

省事篇

【题解】

　　本篇以铭刻在金人身上的文字开篇，训诫后人做事不可贪多，应当专心做一件事才能有成就。保全家庭的方法之一便是不要多说话，不可多事。

【原文】

　　铭金人云："无多言，多言多败；无多事，多事多患。"至哉斯戒也！能走者夺其翼，善飞者减其指，有角者无上齿，丰后者无前足，盖天道不使物有兼焉也。古人云："多为少善，不如执一①；鼯鼠②五能，不成伎术。"近世有两人，朗悟士也，性多营综，略无成名，经不足以待问，史不足以讨论，文章无可传于集录，书迹未堪以留爱玩，卜筮③射六得三，医药治十差④五，音乐在数十人下，弓矢在千百人中，天文、画绘、阮博⑤、鲜卑语、胡书⑥，煎胡桃油⑦，炼锡为银，如此之类，略得梗概，皆不通熟。惜乎，以彼神明，若省其异端，当精妙也。

【注释】

①执一：专一。

②鼯鼠：也称飞鼠，是对松鼠科下的一个族的物种的统称。

③卜筮：旧时用来预测吉凶，用龟甲称卜；用蓍草称筮，合称卜筮。

④差：病愈。

⑤阮博：阮，同棋，指围棋。博，指六博，为古代的一种博戏。

⑥胡书：指胡人的文字。此处当指鲜卑族文字。

⑦胡桃油：胡人用以作画的一种材料。

【原文】

上书陈事，起自战国，逮于两汉，风流①弥广。原其体度：攻人主之长短，谏诤之徒也；讦群臣之得失，讼诉之类也；陈国家之利害，对策之伍也；带私情之与夺，游说之俦也。总此四涂②，贾诚③以求位，鬻言以干禄。或无丝毫之益，而有不省之困，幸而感悟人主，为时所纳，初获不赀之赏，终陷不测之诛，则严助④、朱买臣⑤、吾丘寿王⑥、主父偃⑦之类甚众。良史所书，盖取其狂狷⑧一介，论政得失耳，非士君子守法度者所为也。今世所睹，怀瑾瑜而握兰桂者⑨，悉耻为之。守门诣阙，献书言计，率多空薄，高白矜夸，无经略之大体，咸昀糠之微事，十条之中，一不足采，纵合时务，已漏先觉，非谓不知，但患知而不行耳。或被发奸私，面相酬证，事途昕穴⑩，翻惧盼尤；人主外护声教，脱加含养⑪，此乃侥幸之徒，不足与比肩⑫也。

【注释】

①风流：遗风。

②涂：道路。四涂：此处指以上四种情况。"涂"也作"途"。

③贾诚：即贾忠，避隋文帝父杨忠讳改。

④严助：西汉辞赋家。

⑤朱买臣：西汉吴县人，字翁子。

⑥吾丘寿王：西汉赵人，字子赣。

⑦主父偃：西汉临淄人，主父为复姓。

⑧狂狷：指豪放却不超越一定的规矩的人。

⑨瑾瑜：美玉；兰桂：兰草与桂花，皆有异香。用来比喻怀才守德之士。

⑩昄穴：纡曲、变化无定的意思。

⑪含养：包容养育，形容帝德博厚。

⑫比肩：并肩。此处指与之为伍。

【原文】

谏诤之徒，以正人君之失尔，必在得言①之地，当尽匡赞之规，不容苟免偷安，垂头塞耳；至于就养②有方，思不出位③，干非其任，斯则罪人。故《表记》④云："事君，远而谏，则谄也；近而不谏，则尸利⑤也。"《论语》曰："未信而谏，人以为谤己也。"

【注释】

①得言：该说的时候，说恰当的话。

②就养：指侍奉国君。

③《论语·宪问》："君子思不出其位。"意指在自己的职权范围内考虑问题。

④表记：《礼记》的篇名。

⑤尸利：比喻享受禄利，却不尽责。

【原文】

君子当守道崇德，蓄价①待时，爵禄不登，信由天命。须求趋竞，不顾羞惭，比较材能，斟量功伐②，厉色扬声，东怨西怒；或有劫持宰相瑕疵，而获酬谢，或有喧聒时人视听，求见发遣；以此得官，谓为才力，何异盗食致饱，窃衣取温哉！世见躁竞③得官者，便谓"弗索何获"；不知时运之来，不求亦至也。见静退未遇者，便谓"弗为胡成"；不知风云④不与，徒求无益也。凡不求而自得，求而不得者，焉可胜算乎！

【注释】

①价：指声望。

②功伐：指功劳。

③躁竞：急于与争权势。

④风云：指际遇。

【原文】

齐之季世①，多以财货托附外家②，喧动女谒③。拜守宰④者，印组⑤光华，车骑辉赫，荣兼九族，取贵一时。而为执政所患，随而伺察，既以利得，必以利殆，微染风尘⑥，便乖肃正，坑阱⑦殊深，疮痏⑧未复，纵得免死，莫不破家，然后噬脐⑨，亦复何及。吾自南及北，未尝一言与时人论身分也，不能通达，亦无尤焉。

【注释】

①季：末的意思。季世，指末世。齐：指北齐。

②外家：指母亲和妻子的娘家。

③女谒（yè）：也称妇谒。指女宠。

④守宰：指地方长官。

⑤印组：即印绶。绶为系印的丝带。

⑥风尘：风起尘扬，天地浑浊。比喻文中靠钱财女谒得官之事。

⑦坑阱：指陷阱。

⑧疮疣：创伤、瘢痕。

⑨噬脐：自啮腹脐。比喻后悔不及。

【原文】

王子晋①云："佐饔得尝，佐斗得伤。"此言为善则预，为恶则去，不欲党②人非义之事也。凡损于物，皆无与焉。然而穷鸟入怀，仁人所悯；况死士归我，当弃之乎？伍员③之托渔舟，季布之入广柳④，孔融之藏张俭，孙嵩之匿赵岐，前代之所贵，而吾之所行也，以此得罪，甘心瞑目。至如郭解之代人报仇，灌夫之横怒⑤求地，游侠之徒，非君子之所为也。如有逆乱之行，得罪于君亲者，又不足恤焉。亲友之迫危难也，家财己力，当无所吝：若横生图计，无理请谒，非吾教也。墨翟⑥之徒，世谓热腹，杨朱⑦之侣，世谓冷肠；肠不可冷，腹不可热，当以仁义为节文⑧尔。

【注释】

①王子晋：周灵王太子。

②党：朋党。指由私人利益结成一伙的人。

③伍员：春秋时吴国大夫，字子胥，楚大夫伍奢次子。伍奢被杀后，他逃到吴国，帮助吴王阖闾夺取王位，后率吴军攻破楚国。

④季布：汉初楚人，楚汉战争中，为项羽部将。广柳：即广柳车，一种载运棺柩的大车。

⑤横怒：非常愤怒。

⑥墨翟：即墨子。春秋战国之际思想家、政治家，墨家的创始人。主

张 "兼爱"、"非攻"、"尚贤"。

⑦杨朱：战国初哲学家，魏国人。

⑧节文：节制修饰。

【原文】

前在修文令曹，有山东学士与关中太史竞历①，凡十馀人，纷纭累岁，内史牒付议官平之②。吾执论曰："大抵诸儒所争，四分并减分两家尔③。历象之要，可以晷④景测之；今验其分至⑤薄蚀，则四分疏而减分密。疏者则称政令有宽猛，运行致盈缩，非算之失也；密者则云日月有迟速，以术求之，预知其度，无灾祥也。用疏则藏奸而不信，用密则任数⑥而违经。且议官所知，不能精于讼者，以浅裁深，安有肯服？既非格令所司，幸勿当也。"举曹贵贱，咸以为然。有一礼官，耻为此让，苦欲留连，强加考核。机杼既薄，无以测量，还复采访讼人，窥望长短，朝夕聚议，寒暑烦劳，背春涉冬，竟无予夺，怨诮滋生，赧然而退，终为内史所迫：此好名之辱也。

【注释】

①关中：地名，指今陕西一带。太史：官名，掌历法。

②内史：官名，掌民政。牒：公文。平：平议，即公正地讨论是非曲直。

③四分：指四分历。减分：指减分历。

④晷：指日晷，测度日影以确定时刻的仪器。

⑤分至：指春分、秋分和夏至、冬至。

⑥任数：顺应天数。

养生篇

【题解】

本篇主要讲述了养生的方法，作者认为养生的方法有很多种，真正的养生必须注意避祸，将修身养性与为人处世相结合。告诫后代要爱惜生命，以适当的方法保养自己的身体。

【原文】

神仙之事，未可全诬；但性命在天，或难钟值①。人生居世，触途牵絷；幼少之日，既有供养之勤；成立之年，便增妻孥之累。衣食资须，公私驱役；而望遁迹山林，超然尘滓，千万不遇一尔。加以金玉之费②，炉器③所须，益非贫士所办。学如牛毛，成如麟角④。华山之下，白骨如莽，何有可遂之理？考之内教，纵使得仙，终当有死，不能出世，不愿议曹专精于此。若其爱养神明，调护气息，慎节起卧，均适寒暄，禁忌食饮，将饵药物，遂其所禀⑤，不为夭折者，吾无间然。诸药饵法，不废世务也。庚肩吾常服槐实⑥，年七十馀，目看细字，须发犹黑。邺中朝士，有单服杏仁、枸杞、黄精、术、车前⑦得益者甚多，不能一一说尔。吾尝患齿，摇动欲落，饮食热冷，皆苦疼痛。见《抱朴子》牢齿之法，早朝叩齿三百下为良；行之数日，即便平愈，今恒持之。此辈小术，无损于事，亦可修也。凡欲饵药，陶隐居《太清方》中总录甚备，但须精审，不可轻脱。近有王爱州在邺学服松脂⑧，不得节度，肠塞而死，为药所误者甚多。

【注释】

①钟：适逢。值：相遇。

②金玉之费：炼丹药时耗费的金、玉。

③炉器：指炼丹炉。

④麟角：麒麟的角。

⑤禀：赐予，赋予。

⑥庾肩吾：字子慎，南朝梁人。曾任度支尚书、江州刺史。槐实：槐的果实，可入药。

⑦杏仁、枸杞、黄精、术、车前：均为中药名。

⑧松脂：松树树干所分泌的树脂。

【原文】

夫养生①者先须虑祸，全身保性，有此生然后养之，勿徒养其无生②也。单豹养于内而丧外，张毅养于外而丧内③，前贤所戒也。嵇康著《养生》之论，而以呦物受刑；石崇④冀服饵之征，而以贪溺取祸，往世之所迷也。

【注释】

①养生：保养身心。

②无生：不生存在世上。

③单豹、张毅：均为人名。内：指身体。外：指外部灾祸。

④石崇：西晋渤海南皮人，字季伦。

【原文】

夫生不可不惜，不可苟惜。涉险畏之途，干祸难之事，贪欲以伤生，谗慝而致死，此君子之所惜哉；行诚孝①而见贼，履仁义而得罪，丧身以全家，泯躯而济国，君子不咎②也。自乱离已来，吾见名臣贤士，临难求生，终为不救，徒取窘辱，令人愤懑。侯景之乱，王公将相，多被戮辱，妃主姬妾，略无全者。唯吴郡太守张眄③，建义不捷，为贼所害，辞色不挠；及鄱阳王世子谢夫人，登屋诟怒，见射而毙。夫人，谢遵女也。何贤智操行若此之难？婢妾引决④若此之易？悲夫！

【注释】

①诚孝：忠孝。

②咎：抱怨。

③张眄：字四山，南朝梁人。

④引决：自杀。

温公家范

《温公家范》是由北宋名臣、史学家司马光所著，是封建社会重要的家庭教育读本。

司马光（1019～1086年），字君实，人称司马温公，陕州夏县（今山西夏县）人。宋哲宗时官至宰相，死后追赠太师、温国公，谥文正。

治 家

【题解】

本篇主要提出了治家需要注意的问题以及治家的方法。

【原文】

卫石碏曰："君义、臣行、父慈、子孝、兄爱、弟敬。所谓六顺也。"

齐晏婴曰："君令臣共、父慈子孝、兄爱弟敬、夫和妻柔、姑慈妇听，礼也。"君令而不违，臣共而不二，父慈而教，子孝而箴，兄爱而友，弟敬而顺，夫和而义，妻柔而正，姑慈而从，妇听而婉，礼之善物也。夫治家莫如礼。男女之别，礼之大节也，故治家者必以为先。礼：男女不杂坐，不同椸枷，不同巾栉，不亲授受；嫂叔不通问，诸母不漱裳；外言不入于阃，内言不出于阃；女子许嫁，缨。非有大故不入其门。姑、姊、妹、女子子，已嫁而反，兄弟弗与同席而坐，弗与同器而食。男女非有行媒不相知名，非受币不交不亲，故日月以告君，斋戒以告鬼神，为酒食以召乡党僚友，以厚其别也。又，男女非祭非丧，不相授器。其相授，则女受以篚；其无篚，则皆坐奠之而后取之。外内不共井，不共湢浴，不通寝席，不通乞假。男子入内，不啸不指；夜行以烛，无烛则止。女子出门，必拥蔽其面；夜行以烛，无烛则止。道路，男子由右，女子由左。

又，子生七年，男女不同席，不共食。男子十年，出就外傅，居宿于外。女子十年不出。

又，妇人送迎不出门，见兄弟不逾阈。

又，国君夫人父母在，则有归宁；没则使卿宁。

鲁公父文伯之母如季氏。康子在其朝，与之言，弗应；从之及寝门，弗应而入。康子辞于朝而入见，曰，"肥也不得闻命，无乃罪乎？"曰："寝门之内，妇人治其业焉，上下同之。夫外朝，子将业君之官职焉；内朝，子将庀季氏之政焉，皆非吾所敢言也。"

公父文伯之母，季康子之从祖叔母也。康子往焉。"门而与之言，皆不逾阈。"仲尼闻之，以为别于男女之礼矣。

汉万石君石奋，无文学，恭谨，举无与比。奋长子建、次甲、次乙、次庆，皆以驯行孝谨，官至二千石。于是景帝曰："石君及四子皆二千石，人臣尊宠乃举集其门。"故号奋为万石君。孝景季年，万石君以上大夫禄归老于家，子孙为小吏，来归谒，万石君必朝服见之，不名。子孙有过失，不谯让，为便坐，对案不食。然后诸子相责，因长老肉袒固谢罪，改之，乃许。子孙胜冠者在侧，虽燕必冠，申申如也。僮仆䜣䜣如也，唯谨。其执丧，哀戚甚。子孙遵教，亦如之。万石君家以孝谨闻乎郡国，虽齐、鲁诸儒质行，皆自以为不及也。建元二年，郎中令王臧以文学获罪皇太后。太后以为儒者文多质少，今万石君家不言而躬行，乃以长子建为郎中令，少子庆为内史。建老，自首，万石君尚无恙。每五日洗沐归谒亲，入子舍，窃问侍者，取亲中裙厕腧，身自浣洒，复与侍者，不敢令万石君知之，以为常。万石君徙居陵里。内史庆醉归，入外门不下车。万石君闻之，不食。庆恐，肉袒谢罪，不许。举宗及史建肉袒。万石君让曰："内史贵人，入闾里，里中长老皆走匿，而内史坐车自如，固当！"乃谢罢庆。庆及诸子入里门，趋至家。万石君元朔五年卒。建哭泣哀思，杖乃能行。岁余，建亦死。诸子孙咸孝，然建最甚。樊重，字君云，世善农稼，好货殖。重性温厚，有法度，三世共财，子孙朝夕礼敬，常若公家。其营经产业，物无所弃；课役童隶，各得其宜。故能上下戮力，财利岁倍，乃至开广田土三百余顷。其所起庐舍，皆重堂高阁，陂渠灌注；又池鱼牧畜，有求必给。尝欲作器物，先种梓漆，时人嗤之。然积以岁月，皆得其用。向之笑者，咸求假焉。赀至巨万，而赈赡宗族，恩加乡间。外孙何氏，兄弟争财，重耻之，以田二顷解其忿讼。县中称美，推为三老，年八十余终。其素所假贷人间数百万，遗令焚削文契。债家闻者皆惭，争往偿之。诸子从敕，竟不肯受。

南阳冯良，志行高洁，遇妻子如君臣。

宋侍中谢弘微从叔混，以刘毅党见诛。混妻晋阳公主，改适琅邪王练。公主虽执意不行，而诏与谢氏离绝。公主以混家事委之弘微。混仍世宰相，一门两封，田业十余处，僮役千人，唯有二女，年并数岁。弘微经纪生业，事若在公。一钱尺帛，出入皆有文簿。宋武受命，晋阳公主降封东乡君，节义可嘉，听还。谢氏自混亡至是九年，而室宇修整，仓廪充盈，门徒不异平日，田畴垦辟有加于旧。东乡叹曰："仆射生平重此一子，可谓知人，仆射为不亡矣。"中外亲姻里党故旧见东乡之归者，入门莫不叹息，或为流涕，感弘微之义也。弘微性严正，举止必修礼度，婢仆之前不妄言笑。由是，尊卑大小敬之若神。及东乡君薨，遗财千万，园宅十余所，及会稽、吴兴、琅邪诸处。太傅安司空琰时事业，奴僮犹数百人。公私或谓：室内资财宜归二女，田宅僮仆应属弘微。弘微一物不取，自以私禄营葬。混女夫殷睿，素好樗蒲，闻弘微不取财物，乃滥夺其妻妹及伯母两姑之分以还，戏责内人，皆化弘微之让，一无所争。弘微舅子领军将军刘湛谓弘微曰："天下事宜有裁衷。卿此不问，何以居官？"弘微笑而不答。或有讥以谢氏累世财产充殷，君一朝弃掷，譬弃物江海以为廉耳。弘微曰："亲戚争财，为鄙之甚。今内人尚能无言，岂可道之使争？今分多共少，不至有乏，身死之后，岂复见关。"刘君良，瀛州乐寿人，累世同居，兄弟至四从，皆如同气，尺布斗粟，相与共之。隋末，天下大饥，盗贼群起，君良妻欲其异居，乃密取庭树鸟雏交置巢中，于是群鸟大相与斗，举家怪之。妻乃说君良，曰："今天下大乱，争斗之秋，群鸟尚不能聚居，而况人乎？"君良以为然，遂相与析居。月余，君良乃知其谋，夜揽妻发，骂曰："破家贼，乃汝耶！"悉召兄弟，哭而告之，立逐其妻，复聚居如初。乡里依之，以避盗贼，号曰义成堡。宅有六院，共一厨。子弟数十人，皆以礼法。贞观六年，诏旌表其门。

张公艺，郓州寿张人，九世同居，北齐、隋、唐，皆旌表其门。麟德中，高宗封泰山，过寿张，幸其宅，召见公艺，问所以能睦族之道。公艺请纸笔以对，乃书忍字百余以进。其意以为宗族所以不协，由尊长衣食，或有不均；卑幼礼节，或有不备；更相责望，遂成乖争。苟能相与忍之，则常睦雍矣！唐河东节度使柳公绰，在公卿间最名。有家法，中门东有小斋，自非朝谒之日，每平旦辄出，至小斋诸子仲郢等皆束带，晨省于中门之北。公绰决公私事，接宾客，与弟公权及群从弟再食，自旦至暮，不离小斋。烛至，则以次命子弟一人执经史立烛前，躬读一过毕，乃讲议居官治家之法。或论文，或听琴，至人定钟，然后归寝，诸子昏复定于中门之北。凡二十余年，未尝一日变易。其遇饥岁，则诸子皆蔬食，曰："昔吾兄弟侍先君为丹州刺史，以学业未成不听食肉，吾不敢忘也。"姑姊妹侄有孤娤者，虽疏远，必为择婿嫁之，皆用刻木妆奁，缅文绢为资装。常言，必待资装丰备，何如嫁不失时。及公绰卒，仲郢一遵其法。

国朝公卿能守先法久而不衰者，唯故李相防家。子孙数世二百余口，犹同居共爨，田园邸舍所收，及有官者俸禄，皆聚之一库。计口日给，饼饭婚姻丧葬所费，皆有常数，分命子弟掌其事。其规模大抵出于翰林学士宗谔所制也。夫人爪牙之利，不及虎豹；膂力之强，不及熊罴；奔走之疾，不及麋鹿；飞扬之高，不及燕雀。苟非君聚以御外患，则反为异类食矣。是故圣人教之以礼，使之知父子兄弟之亲。人知爱其父，则知爱其兄弟矣；爱其祖，则知爱其宗族矣。如枝叶之附于根干，手足之系于身首，不可离也。岂徒使其粲然条理以为荣观哉！乃实欲更相依庇，以捍外患也。吐谷浑阿豺有子二十人，病且死，谓曰："汝等各奉吾一支箭，将玩之。"俄而命母弟慕利延曰："汝取一支箭折之。"慕利延折之。又曰："汝取十九支箭折之。"慕利延不能折。阿豺曰："汝曹知否？单者易折，众者难摧，戮力一心，然后社稷可固。"言终而死。彼戎狄也，犹知宗族相保以为强，况华夏乎！圣人知一族不足以独立也，故又为之甥舅婚媾姻娅以辅之。犹惧其未也，故又爱养百姓以卫之。故爱亲者所以爱其身也，爱民者所以爱其亲也。如是，则其身安若泰山，寿如箕翼，他人安得而侮之哉！故自古圣贤未有不先亲其九族，然后能施及他人者也。彼愚者则不然，弃其九族，远其兄弟，欲以专利其身，殊不知身既孤人斯戕之矣，于利何有哉？昔周厉王弃其九族，诗人刺之曰："怀德惟宁，宗子惟城。毋俾城坏，母独斯畏。"苟为独居，斯可畏矣！

宋昭公将去群公子。乐豫曰："不可。公族，公室之枝叶也，若去之，则本根无所庇荫矣。葛藟犹能庇其根本，故君子以为比，况国君乎！此谚所谓庇焉而纵寻斧焉者也，必不可。君其图之。亲之以德，皆股肱也，谁敢携二，若之何去之？"昭公不听，果及于乱。

华亥欲代其兄合比为右师，谮于平公而逐之。左师曰："汝亥也必亡。汝丧而宗室，于人何有？人亦于汝何有？"既而，华亥果亡。

孔子曰："不爱其亲而爱他人者，谓之悖德；不敬其亲而敬他人者，谓之悖礼。以顺则逆，民无则焉，不在于善，而皆在于凶。德虽得之，君子不贵也。故欲爱其身而弃其宗族，乌在其能爱身也？"

孔子曰："均无贫，和无寡，安无倾。善为家者，尽其所有而均之，虽粝食不饱，敝衣不完，人无怨矣。夫怨之所生，生于自私及有厚薄也。"汉世谚曰："一尺布尚可缝，一斗粟尚可舂。"言尺布可缝而共衣，斗粟可舂而共食，讥文帝以天下之富不能容其弟也。

梁中书侍郎裴子野，家贫，妻子常苦饥寒。中表贫乏者，皆收养之。时逢水旱，以二石米为薄粥，仅得遍焉，躬自同之，曾无厌色。此得睦族之道者也。

祖

【题解】

本篇主要阐明了为人祖者应当承担责任，为后代树立典范。

【原文】

为人祖者，莫不思利其后世。然果能利之者，鲜矣。何以言之？今之为后世谋者，不过广营生计以遗之。田畴连阡陌，邸肆跨坊曲，粟麦盈囷仓，金帛充箧笥，慊慊然求之犹未足，施施然自以为子子孙孙累世用之莫能尽也。然不知以义方训其子，以礼法齐其家。自于数十年中勤身苦体以聚之，而子孙于时岁之间奢靡游荡以散之，反笑其祖考之愚不知自娱，又怨其吝啬，无恩于我，而厉虐之也。始则欺绐攘窃，以充其欲；不足，则立券举债于人，俟其死而偿之。观其意，惟患其考之寿也。甚者至于有疾不疗，阴行鸩毒，亦有之矣。然而向之所以利后世者，适足以长子孙之恶而为身祸也。顷尝有士大夫，其先亦国朝名臣也，家甚富而尤吝啬，斗升之粟、尺寸之帛，必身自出纳，锁而封之，昼则佩钥于身，夜则置钥于枕下。病甚，困绝不知人，子孙窃其钥，开藏室，发箧筒，取其财。其人后苏，即扪枕下，求钥不得，愤怒遂卒。其子孙不哭，相与争匿其财，遂致斗讼。其处女亦蒙首执牒，自讦于府庭，以争嫁资，为乡党笑。盖由子孙自幼及长，惟知有利，不知有义故也。夫生生之资，固人所不能无，然勿求多余，多余希不为累矣。使其子孙果贤耶，岂蔬粝布褐不能自营，至死于道路乎？若其不贤耶，虽积金满堂，奚益哉？多藏以遗子孙，吾见其愚之甚也。然而贤圣皆不顾子孙之匮乏邪？曰，何为其然也？昔者圣人遗子孙以德以礼，贤人遗子孙以廉以俭。舜自侧微积德至于为帝，子孙保之，享国百世而不绝。周自后稷、公刘、太王、王季、文王，积德累功，至于武王而有天下。其诗曰："诒厥孙谋，以燕翼子。"言丰德泽，明礼法，以遗后世而安固之也。故能子孙承统八百余年，其支庶犹为天下之显，诸侯棋布于海内。其为利岂不大哉！

孙叔敖为楚相，将死，戒其子曰："王数封我矣，吾不受也。我死，王则封汝，必无受利地。楚越之间有寝邱者，此其地不利而名甚恶，可长有者唯此也。"孙叔敖死，王以美地封其子。其子辞，请寝邱，累世不失。汉相国萧何，买田宅必居穷僻处，为家不治垣屋，曰："令后世贤，师吾俭；不贤，无为势家所夺。"

太子太傅疏广，乞骸骨归乡里，天子赐金二十斤，太子赠以五十斤。广日令家具设酒食，请族人故旧宾客相与娱乐。数问其家金余尚有几何？趣卖以共具。居岁余，广子孙窃谓其昆弟老人广所爱信者，曰："子孙冀及君时颇立产业基址，今日饮食费且尽，宜从丈人所，劝说君买田宅。"老人即以闲暇时为广言此计。广曰："吾岂老悖不念子孙哉！顾自有旧田庐，令子孙勤力其中，足以共衣食，与凡人齐。今复增益之以为盈余，但教子孙怠惰耳。贤而多财，则损其志；愚而多财，则益其过。且夫富者，众

传 世 励 志 经 典

人之怨也，吾既无，以教化子孙，不欲益其过而生怨。"

涿郡太守杨震，性公廉，子孙常蔬食步行。故旧长者或欲令为开产业。震不肯。曰："使后世称为清白吏子孙，以此遗之，不亦厚乎！"

南唐德胜军节度使兼中书令周本，好施。或劝之曰："公春秋高，宜少留余赀以遗子孙。"本曰："吾系草硝，事吴武王，位至将相，谁遗之乎？"近故张文节公为宰相，所居堂室，不蔽风雨，服用饮膳，与始为河阳书记时无异。其所亲或规之曰："公月入俸禄几何？而自奉俭薄如此。外人不以公清俭为美，反以为有公孙布被之诈。"文节叹曰："以吾今日之禄，虽侯服王食，何忧不足？然人情由俭入奢则易，由奢入俭则难。此禄安能常恃，一旦失之，家人既习于奢，不能顿俭，必至失所，曷若无失其常！吾虽违世，家人犹如今日乎！"闻者服其远虑。此皆以德业遗子孙者也，所得顾不多乎！晋光禄大夫张澄，当葬父，郭璞为占墓地曰："葬某处，年过百岁，位至三司，而子孙不蕃；某处，年几减半，位裁乡校，而累世贵显。"澄乃葬其劣处，位止光禄，年六十四而亡。其子孙昌炽，公侯将相，至梁陈不绝，虽未必因葬地而然，足见其爱子孙厚于身矣。先公既登待从，常曰："吾所得已多，当留以遗子孙。"处心如此，其顾念后世不亦深乎！

父

【题解】

本篇写父亲的威严在家庭教育中的作用。

【原文】

陈亢问于伯鱼曰："子亦有异闻乎？"对曰："未也。尝独立，鲤趋而过庭。曰：'学诗乎？'对曰：'未也。''不学诗无以言。'鲤退而学诗。他日又独立，鲤趋而过庭。曰：'学礼乎？'对曰：'未也。''不学礼无以立。'鲤退而学礼。闻斯二者。"陈亢退而喜曰："问一得三，闻诗、闻礼、又闻君子之远其子也。"

曾子曰："君子之于子，爱之而勿面，使之而勿貌，遵之以道而勿强言：心虽爱之不形于外，常以严庄莅之，不以辞色悦之也。不遵之以道，是弃之也。然强之，或伤恩，故以日月渐摩之也。"

北齐黄门侍郎颜之推《家训》曰："父子之严，不可以狎，骨肉之爱，不可以简。简则慈孝不接，狎则怠慢生焉。由命士以上，父子异宫，此不狎之道也。抑搔痒痛，悬衾箧枕，此不简之教也。"

石碏谏卫庄公曰："臣闻爱子教之以义方，弗纳于邪，骄奢淫逸，所自邪也。四者之来，宠禄过也。"自古知爱子不知教，使至于危辱乱亡者，可胜数哉！夫爱之，当教之使成人。爱之而使陷于危辱乱亡，乌在其能爱子也？人之爱其子者多曰："儿幼，未有知耳，俟其长而教之。"是犹养恶木之萌芽，曰："俟其合抱而伐之"，其用力顾不多哉？又如开笼放鸟而捕之，解缰放马而逐之，曷若勿纵勿解之为易也！

《曲礼》："幼子常视毋诳。立必正方，不倾听。长者与之提携，则两手奉长者之手。负、剑辟咡诏之，则掩口而对。"

《内则》："子能食食，教以右手。能言，男唯女俞。男鞶革，女鞶丝。六年，教之数与方名；七年，男女不同席，不共食；八年，出入门户及即席饮食，必后长者，始教之让；九年，教之数日。十年，出就外傅，居宿于外，学书计。十有三年，学乐、诵诗、舞勺。成童舞象，学射御。"

曾子之妻出外，儿随而啼。妻曰："勿啼！吾归，为尔杀豕。"妻归，以语曾子。曾子即烹豕以食儿，曰："毋教儿欺也。"

贾谊言："古之王者，太子始生，固举以礼，使士负之，过阙则下，过庙则趋，孝子之道也。故自为赤子而教固已行矣。提孩有识。三公三少固明孝、仁、礼、义，以道习之，逐去邪人，不使见恶行。于是皆选天下之端士、孝弟博闻有道术者，以卫翼之，使与太子居处出入。故太子乃生而见正事，闻正言，行正道，左右前后皆正人也。夫习与正人居之不能毋正，犹生长于齐不能不齐言也。习与不正人居之不能毋不正，犹生长于楚不能不楚言也。"《颜氏家训》曰："古者圣王，子生孩提，师保固明仁、孝、礼、义，道习之矣。凡庶，纵不能尔，当及婴稚，识人颜色，知人喜怒，便加教诲，使为则为，使止则止。比及数岁，可省笞罚。父母威严而有慈，则子女畏慎而生孝矣。吾见世间无教而有爱，每不能然。饮食运为，恣其所欲，宜诫翻奖，应诃反笑，至有识知，谓法当尔。骄慢已习，方乃制之，捶挞至死而无威，忿怒日隆而增怨。逮于长成，终为败德。孔子云'少成若天性，习惯如自然'是也。谚云：'教妇初来，教儿婴孩。'诚哉，斯语！"

"凡人不能教子女者，亦非欲陷其罪恶，但重于诃怒伤其颜色，不忍楚挞惨其肌肤尔。当以疾病为喻，安得不用汤药针艾救之哉？又宜思勤督训者，岂愿苛虐于骨肉乎？诚不得已也。""王大司马母卫夫人，性甚严正。王在湓城，为三千人将，年逾四十，少不如意，犹捶挞之，故能成其勋业。"

"梁元帝时，有一学士，聪敏有才，少为父所宠，失于教义。一言之是，遍于行路，终年誉之；一行之非，掩藏文饰，冀其自改。年登婚宦，暴慢日滋，竟以语言不择，为周逖抽肠衅鼓云。"然则爱而不教，适所以害之也。《传》称：鸤鸠之养其子，朝从上下，暮从上下，平均如一。至于人，或不能然？《记》曰：父之于子也，亲贤而下无能，使其所亲果贤也，所下果无能也，则善矣。其溺于私爱者，往往亲其无能而下其贤，则祸乱由此而兴矣。《颜氏家训》曰："人之爱子，罕亦能均，自古及今，此弊多矣。贤俊者自可赏爱，顽鲁者亦当矜怜，有偏宠者，虽欲以厚之，更所以祸之。共叔之死，母实为之；赵王之戮，父实使之；刘表之倾宗复族，袁绍之地裂兵亡，可谓灵龟明鉴。"此通论也。

曾子出其妻，终身不娶妻。其子元请焉。曾子告其子曰："高宗以后，妻杀孝己，尹吉甫以后妻放伯奇；吾上不及高宗，中不及吉甫，庸知其得免于非乎？"

后汉尚书令朱晖，年五十失妻。昆弟欲为继室。晖叹曰："时俗稀不以后妻败家者。"遂不娶。今之人年长而子孙具者，得不以先贤为鉴乎！《内则》曰："子妇未孝未敬，勿庸疾怨，姑教之。若不可教，而后怒之。不可怒。子放妇出而不表礼焉。"

君子之所以治其子妇，尽于是而已矣。今世俗之人，其柔懦者，子女之过尚小，则不能教而嘿藏之。及其稍著，又不能怒而心恨之。至于恶积罪大，不可禁遏，则喑呜郁悒，至有成疾而终者。如此，有子不若无子之为愈也。其不仁者，则纵其情性，残忍暴戾，或听后妻之谗，或用嬖宠之计，捶扑过分，弃逐冻馁，必欲置之死地而后已。《康诰》称："子弗祗服厥父事，大伤厥考心。于父不能字厥子，乃疾厥子。"谓之元恶大憝。盖言不孝不慈，其罪均也。

母

【题解】

本篇主要强调了母亲在家庭教育中的重要作用。母亲是一直陪伴在孩子身边的人，所以应当在爱孩子的同时知道如何教育孩子，以免"慈母败儿"的事情发生。

【原文】

为人母者，不患不慈，患于知爱而不知教也。古人有言曰："慈母败子。"爱而不教，使沦于不肖，陷于大恶，人于刑辟，归于乱亡，非他人败之也。母败之也。自古及今，若是者多矣，不可悉数。

周大任之娠文王也，目不视恶色，耳不听淫声，口出不傲言，文王生而明圣，卒为周宗。君子谓大任能胎教。古者妇人任子，寝不侧，坐不边，立不跸，不食邪味，割不正不食，席不正不坐，目不视邪色，耳不听淫声，夜则令瞽诵诗、道正事。如此，则生子形容端正，才艺博通矣。彼其子尚未生也，固已教之，况已生乎！

孟轲之母，其舍近墓，孟子之少也，嬉戏为墓间之事，踊跃筑埋。孟母曰："此非所以居之也。"乃去。舍市傍，其嬉戏为街卖之事。孟母又曰："此非所以居之也。"乃徙。舍学宫之傍，其嬉戏乃设俎豆揖让进退。孟母曰："此真可以居子矣！"遂居之，孟子幼时问东家杀猪何为？母曰："欲啖汝。"既而悔曰："吾闻古有胎教，今适有知而欺之，是教之不信。"乃买猪肉食。既长就学，遂成大儒。彼其子尚幼也，固已慎其所习，况已长乎！汉丞相翟方进继母，随方进之长安，织履以资方进游学。晋太尉陶侃，早孤贫，为县吏番阳，孝廉范逵尝过侃，时仓卒无以待宾。

其母乃截发，得双髲以易酒肴。逵荐侃于庐江太守，召为督邮，由此得仕进。后魏钜鹿魏缉母房氏，缉生未十旬，父溥卒，母鞠育，不嫁，训导有母仪法度。缉所交游，有名胜者，则身具酒馔；有不及己者，辄屏卧不餐，须其悔谢，乃食。

唐侍御史赵武孟，少好田猎，尝获肥鲜以遗母。母泣曰："汝不读书，而田猎如是，吾无望也！"竟不食其膳。武孟感激勤学，遂博通经史，举进士，至美官。

天平节度使柳仲郢母韩氏，常粉苦参黄连，和以熊胆，以授诸子，每夜读书，使嚼之以止睡。

太子少保李景让母郑氏，性严明，早寡家贫，亲教诸子。久雨，宅后古墙颓陷，得钱满缸。奴婢喜，走告郑。郑焚香祝之曰："天盖以先君余庆，愍妾母子孤贫，赐以此钱，然妾所愿者，诸子学业有成，他日受俸，此钱非所欲也。"亟命掩之。此唯患其子名不立也。

齐相田稷子受下吏金百镒，以遗其母。母曰："夫为人臣不忠，是为人子不孝也。不义之财，非吾有也。不孝之子，非吾子也。子起矣。"稷子遂惭而出，反其金而自归于宣王，请就诛。

宣王悦其母之义，遂赦稷子罪，复其位，而以公金赐母。

汉京兆尹隽不疑，每行县录囚徒还，其母辄问不疑："有所平反，活几何人也？"不疑多有所平反，母喜笑，为饮食，言语异于它时。或亡所出，母怒，为不食。故不疑为吏严而不残。

吴司空孟仁尝为监鱼池官，自结网捕鱼作鲊寄母。母还之曰："汝为鱼官，以鲊寄母，非避嫌也！"

晋陶侃为县吏，尝监鱼池，以一坩鲊遗母。母封鲊责曰："尔以官物遗我，不能益我，乃增吾忧耳。"

隋大理寺卿郑善果母翟氏，夫郑诚讨尉迟迥，战死。母年二十而寡，父欲夺其志。母抱善果曰："郑君虽死，幸有此儿。弃儿为不慈，背死夫为无礼。遂不嫁。善果以父死王事，年数岁拜持节大将军，袭爵开封县公，年四十授沂州刺史，寻为鲁郡太守。母性贤明，有节操，博涉书史，通晓政事。每善果出听事，母辄坐胡床，于鄣后察之。闻其剖断合理，归则大悦，即赐之坐，相对谈笑；若行事不允，或妄嗔怒，母乃还堂，蒙袂而泣，终日不食，善果伏于床前不敢起。母方起，谓之曰："吾非怒汝，乃惭汝家耳。吾为汝家妇，获奉洒扫，知汝先君忠勤之士也，守官清恪，未尝问私，以身殉国，继之以死，吾亦望汝副其此心。汝既年小而孤，吾寡耳，有慈无威，使汝不知礼训，何可负荷忠臣之业乎？汝自童稚袭茅土，汝今位至方岳，岂汝身致之邪？不思此事而妄加嗔怒，心缘骄乐，堕于公政，内则坠尔家风，或失亡官爵；外则亏天子之法，以取辜戾。吾死日，何面目见汝先人于地下乎？"母恒自纺绩，每至夜分而寝。善果曰："儿封侯开国，位居三品，秩俸幸足，母何自勤如此？"答曰："吁！汝年已长，吾谓汝知天下理，今闻此言，故犹未也。至于公事，何由济乎？今此秩俸，乃天子报汝先人之殉命也，当散赡六姻，为先君之惠，奈何独擅其利，以为富贵乎？又丝枲纺绩，妇人之务，上自王后，下及大夫士妻，各有所制，若堕业者，是为骄逸，吾虽不知礼，其可自败名乎？"自初寡，便不御脂粉，常服大练，性又节俭，非祭祀宾客之事，酒肉不妄陈其前；静室端居，未尝辄出门阁。内外姻戚有吉凶事，但厚加赠遗，皆不诣其门。非自手作，及庄园禄赐所得，虽亲族礼遗，悉不许人门。善果历任州郡，内自出馔，于衙中食之，公廨所供皆不许受，悉用修理公宇及分僚佐。善果亦由此克己，号为清吏，考为天下最。

唐中书令崔玄晔，初为库部员外郎，母卢氏尝戒之曰："吾尝闻姨兄辛玄驭云：'儿子从官于外，有人来言，其贫窭不能自存，此吉语也；言其富足，车马轻肥，此恶语也。'吾尝重其言。比见中表仕宦者，多以金帛献遗其父母。父母但知忻悦，不问金帛所从来。若以非道得之，此乃为盗而未发者耳，安得不忧而更喜乎？汝今坐食俸禄，苟不能忠清，虽日杀三牲，吾犹食之不下咽也。"玄晔由是以廉谨著名。

李景让，宦已达，发斑白，小有过，其母犹挞之。景让事之，终日常竞竞。及为浙西观察使，有左右都押牙忤景让意，景让杖之而毙。军中愤怒，将为变。母闻之。景让方视事，母出，坐厅事，立景让于庭下而责之曰："天子付汝以方面，国家刑法，岂得以为汝喜怒之资，妄杀无罪之人乎？万一致一方不宁，岂惟上负朝廷，使垂老之母衔羞于地，何以见汝先人乎？"命左右褫其衣坐之，将挞其背。将佐皆至，为之请。不许。将佐拜且泣，久乃释之。军中由是遂安。此惟恐其子之入于不善也。

汉汝南功曹范滂，坐党人被收，其母就与诀曰："汝今得与李、杜齐名，死亦何恨？既有令名，复求寿考，可兼得乎？"滂跪受教，再拜而辞。魏高贵乡公将讨司马文王，以告侍中王沈、尚书王经、散骑常侍王业。沈、业出走，告文王，；经独不往。高贵乡公既薨，经被收，辞母。母颜色不变，笑而应曰："人谁不死！但恐不得死所。以此并命，何恨之有？"

唐相李义府专横，侍御史王义方欲奏弹之，先白其母曰："义方御史，视奸臣不纠则不忠，纠之则身危而忧及于亲，为不孝；二者不能自决，奈何？"母曰："昔王陵之母杀身以成子之名，汝能尽忠以事君，吾死不恨。"此非不爱其子，惟恐其子为善之不终也。然则为人母者，非徒鞠育其身使不罹水火，又当养其德使不入于邪恶，乃可谓之慈矣！

汉明德马皇后无子，贾贵人生肃宗。显宗命后母养之，谓曰："人未必当自生子，但患爱养不至耳。"后于是尽心抚育，劳瘁过于所生。肃宗亦孝，性淳笃，恩性天至。母子慈爱，始终无纤介之间，古今称之，以为美谈。

隋番州刺史陆让母冯氏，性仁爱，有母仪。让即其孽子也，坐赃当死，将就刑，冯氏蓬头垢面诣朝堂，数让罪，于是流涕呜咽，亲持杯粥劝让食，既而上表求哀词，情甚切。上愍然为之改容，于是集京城士庶于朱雀门，遣舍人宣诏曰："冯氏以嫡母之德，足为世范，慈爱之道，义感人神，特宜矜免，用奖风俗；让可减死，除名。"复下诏褒美之，赐物五百段，集命妇与冯相识，以旌宠异。

齐宣王时，有人斗死于道，吏讯之。有兄弟二人，立其傍，吏问之。兄曰："我杀之。"弟曰："非兄也，乃我杀之。"期年，吏不能决，言之于相；相不能决，言之于王，王曰："今皆舍之，是纵有罪也；皆杀之，是诛无辜也。寡人度其母能知善恶。试问其母，听其所欲杀活。"相受命，召其母问曰："母之子杀人，兄弟欲相代死，吏不能决，言之于王，王有仁惠，故问母何所欲杀活。"其母泣而对曰:"杀其少者。"相受其言,因而问之曰:"夫少子者人之所爱,今欲杀之,何也?"其母曰:"少者,妾之子也;长者,前妻之子也。其父疾且死之时属于妾曰:'善养视之。'妾曰:'诺!'今既受人之托,许人以诺,岂可忘人之托而不信其诺耶?!且杀兄活弟,是以私爱废公义也。背言忘信,是欺死者也;失言忘约,已诺不信,何以居于世哉?!予虽痛子,独谓行何!"泣下沾襟。相人,言之于王。王美其义,高其行,皆赦。不杀其子,而尊其母,号曰:"义母"。

魏芒慈母者,孟杨氏之女,芒卯之后妻也,有三子;前妻之子有五人,皆不爱。慈母遇之甚异,犹不爱。慈母乃令其三子不得与前妻之子齐,衣服、饮食、进退、起居甚相远前妻之子犹不爱。于是前妻中子犯魏王令,当死。慈母忧戚悲哀,带围减尺,朝夕勤劳,以救其罪。人有谓慈母曰:"子不爱母至甚矣,何为忧惧勤劳如此?"慈母曰:"如妾亲子,虽不爱妾,妾犹救其祸而除其害,独假子而不为,何以异于凡人?且其父为其孤也,使妾而继母,继母如母。为人母而不能爱其子,可谓慈乎?亲其亲而偏其假,可谓义乎?不慈且无义,何以立于世?彼虽不爱妾,妾可以忘义乎?"遂讼之。魏安厘王闻之,高其义,曰:"慈母如此,可不赦其子乎?"乃赦其子而复其家。自此之后,五子亲慈母,雍雍若一。慈母以礼义渐之,率导八子,成为魏大夫卿士。

汉安众令汉中程文矩妻李穆姜,有二男,而前妻四子以母非所生,憎毁日积。而穆姜慈爱温仁,抚字益隆,衣食资供,皆兼倍所生。或谓母曰:"四子不孝甚矣,何不别居以远之?"对曰:"吾方以义相导,使其自迁善也。"及前妻长子兴疾困笃,母恻隐,亲自为调药膳,恩情笃密。兴疾久乃瘳,于是呼三弟谓曰:"继母慈仁,出自天爱,吾兄弟不识恩养,禽兽其心,虽母道益隆，我曹过恶亦已深矣！"遂将三弟诣南郑狱，陈母之德，状己之过，乞就刑辟。县言之于郡。郡守表异其母，蠲除家繇，遣散四子，许以修革。自后训导愈明，并为良士。今之人为人嫡母而疾其孽子，为人继母而疾其前妻之子者，闻此四母之风，亦可以少愧矣。

鲁师春姜嫁其女，三往而三逐。春姜问其故，以轻侮其室人也。春姜召其女而答之，曰："夫妇人以顺从为务，贞悫为首；今尔骄溢不逊以见逐，曾不悔前过，吾告汝数矣，而不吾用，尔非吾子也。"答之百而留之。三年，乃复嫁之。女奉守节义，终知为人妇之道。今之为母者，女未嫁不能诲也；既嫁，为之援，使挟己以凌其婿家；及见弃逐，则与婿家斗讼，终不自责其女之不令也。如师春姜者，岂非贤母乎！

子　上

【题解】

本篇通过列举《孝经》《礼》中的典型事例，为后代完善自身，提高自身素质提供了参考。

【原文】

《孝经》曰："夫孝，天之经也，地之义也，民之行也。天地之经而民是则之。"又曰："不爱其亲而爱他人者，谓之悖德；不敬其亲而敬他人者，谓之悖礼。以顺则逆，民无则焉。不在于善，而皆在于凶德，虽得之，君子不贵也。"又曰："五刑之属三千，而罪莫大于不孝。"孟子曰："不孝有五：惰其四支，不顾父母之养，一不孝也；博奕好饮酒，不顾父母之养，二不孝也；好货财私妻子，不顾父母之养，三不孝也；从耳目之欲，以为父母戮，四不孝也；好勇斗狠以危父母，五不孝也。"夫为人子，而事亲或亏，虽有他善累百，不能掩也，可不慎乎！

《经》曰"君子之事亲也，居则致其敬，养则致其乐，病则致其忧，丧则致其哀，祭则致其严。"

孔子曰："今之孝者，是谓能养。至于犬马，皆能有养。不敬，何以别乎？"《礼》：子事父母，鸡初鸣，咸盥漱，盛容饰，以适父母之所。父母之衣衾簟席枕几不传；杖、屦袛敬之勿敢近；敦牟、卮匜，非俊莫敢用。在父母之所，有命之，应唯敬对。进退周旋慎齐。升降出入揖逊，不敢哕噫、嚏、咳、欠、伸、跛、倚、睇视，不敢唾演。寒不敢袭，痒不敢搔。不有敬事，不敢袒裼，不涉不撅。为人子者，出必告，反必面。所游必有常，所习必有业，恒言不称老。又，为人子者，居不主奥，坐不中席，行不中道，立不中门。食飨不为概，祭祀不为尸。听于无声，视于无形。不登高，不临深，不苟訾，不苟笑。孝子不服闇，不登危，惧辱亲也。

宋武帝即大位，春秋已高，每旦朝继母萧太后，未尝失时刻，彼为帝王尚如是，况土民乎！

梁临川静惠王宏，兄懿为齐中书令，为东昏侯所杀，诸弟皆被收。僧慧思藏宏，得免。宏避难潜伏，与太妃异处，每遣使恭问起居。或谓："避难须密，不宜往来。"宏衔泪答曰："乃可无我，此事不容暂废。"彼在危难尚如是，况平时乎！

为子者，不敢自高贵，故在礼，三赐不及车马，不敢以富贵加于父兄。国初，平章事王溥，父祚有宾客，溥常朝服侍立。客坐不安席。祚曰："豚犬，不足为之起。"此可谓居则致其敬矣。

《礼》：子事父母，鸡初鸣而起，左右佩服以适父母之所。及所，下气怡声，问衣燠寒，疾痛苛痒，而敬抑搔之。出入则或先或后，而敬扶持之。进盥，少者奉盘，长者奉水，请沃盥，盥卒，授巾。问所欲而敬进之，柔色以温之。父母之命，勿逆勿怠。若饮之食之，虽不嗜，必尝而待；加之衣服，虽不欲，必服而待。

又，子妇无私货，无私蓄，无私器，不敢私假，不敢私与。

又，为人子之礼，冬温而夏清，昏定而晨省，在丑夷不争。

孟子曰："曾子养曾晳，必有酒肉。将彻，必请所与。问有余，必曰有。曾晳死，曾元养曾子，必有酒肉。将彻，不表所与，问有余，曰亡矣。将以复进也。此所谓养口体者也。若曾子，则可谓养志也。事亲若曾子者，可也。"老莱子孝奉二亲，行年七十，作婴儿戏，身服五采斑斓之衣，尝取水上堂，诈跌，仆卧地，为小儿啼，弄雏于亲侧，欲亲之喜。汉谏议大夫江革，少失父，独与母居。遭天下乱，盗贼并起，革负母逃难，备经险阻，常采拾以为养，遂得俱全于难。革转客下邳，贫穷裸跣行，佣以供母，便身之物，莫不毕给。建武末年，与母归乡里，每至岁时，县当案比，革以老母不欲摇动，自在辕中挽车，不用牛马。由是乡里称之曰"江巨孝"。

晋西河人王延，事亲色养，夏则扇枕席，冬则以身温被，隆冬盛寒，体无全衣，而亲极滋味。

宋会稽何子平，为扬州从事吏，月俸得白米，辄货市粟麦。人曰："所利无几，何足为烦？"子平曰："尊老在东，不办得米，何心独飧白粲！"每有赠鲜肴者，若不可寄至家，则不肯受。后为海虞令，县禄唯供养母一身，不以及妻子。人疑其俭薄。子平曰："希禄本在养亲，不在为己。"问者惭而退。同郡郭原平养亲，必以己力，拥赁以给供养。性甚巧，每为人佣作，止取散夫价。主人设食，原平自以家贫，父母不办有肴味，唯餐盐饭而已。若家或无食，则虚中竟日，义不独饱，须日暮作毕，受直归家，于里籴买，然后举爨。

唐曹成王皋为衡州刺史，遭诬在治，念太妃老，将惊而戚，出则囚服就辟，入则拥笏垂鱼，坦坦施施，贬潮州刺史，以迁入贺。既而事得直，复还衡州，然后跪谢告实。此可谓养则致其乐矣。

《礼》：父母有疾，冠者不栉，行不翔，言不惰，琴瑟不御。食肉不至变味，饮酒不至变貌，笑不至矧，怒不罥，疾止复故。

文王之为世子，朝于王季，日三。鸡初鸣而衣服，至于寝门外，问内竖之御者曰："今日安否？何如？"内竖曰："妄。"文王乃喜。及日中又至，亦如之。及暮又至，亦如之。其有不安节，则内竖以告文王。文王色忧，行不能正履。王季复膳，然后亦复初。武王帅而行之，不敢有加焉。文王有疾，武王不脱冠带而养。文王一饭亦一饭，文王再饭亦再饭，旬有二日，乃间。

汉文帝为代王时，薄太后常病。三年，文帝目不交睫，衣不解带，汤药非口所尝弗进。

晋范乔父粲，仕魏为太宰中郎。齐王芳被废，粲遂称疾，阖门不出，阳狂不言，寝所乘车，足不履地。子孙常侍左右，候其颜色，以知其旨。如此三十六年，终于所寝之车。乔与二弟并弃学业，绝人事，侍疾家庭，至粲没，不出里邑。

南齐庾黔娄为孱陵令，到县未旬，父易在家遘疾。黔娄忽心惊，举身流汗，即日弃官归家。家人悉惊其忽至。时易病始二日。医云："欲知差剧，但尝粪甜苦。"易泄利。黔娄辄取尝之，味转甜滑，心愈忧苦。至夕，每稽颡北辰，求以身代。俄闻空中有声，曰："徵君寿命尽，不可延。汝诚祷既至，改得至月末。"晦，而易亡。

后魏孝文帝，幼有至性，年四岁时，献文患痈，帝亲自吮脓。北齐孝昭帝，性至孝。太后不豫，出居南宫。帝行不正履，容色贬悴，衣不解带，殆将旬。殿去南宫五百余步，鸡鸣而出，辰时方还；来去徒行，不乘舆辇。太后所苦小增，便即寝伏阁外，食饮药物，尽皆躬亲。太后惟常心痛，不自堪忍。帝立侍帷前，以爪掐手心，血流出袖。此可谓病则致其忧矣。《经》曰：孝子之丧亲也，哭不哀，礼无容，言不文，服美不安，闻乐不乐，食旨不甘，此哀戚之情也。三日而食，教民无以死伤生，毁不灭性，此圣人之政也。丧不过三年，示民有终也。为之棺椁衣衾而举之，陈其簠簋而哀戚之，擗踊哭泣，哀以送之，卜其宅兆而安厝之，为之宗庙以鬼享之。春秋祭祀，以时思之。生事爱敬，死事哀戚，生民之本尽矣。生死之义备矣，孝子之事亲终矣。君子之于亲丧固所以自尽也，不可不勉。丧礼备在方册，不可悉载。

孔子曰："少连、大连善居丧，三日不怠，三月不解，期悲哀，三年忧，东夷之子也。"高子皋执亲之丧也；泣血三年，未尝见齿，君子以为难。颜丁善居丧：始死，皇皇焉，如有求而弗得；及殡，望望焉，如有从而弗及；既葬，慨焉如不及其反而息。

唐太常少卿苏预，遭父丧；睿宗起复为工部侍郎，频固辞。上使李日知谕旨。日知终坐不言而还，奏曰："臣见其哀毁，不忍发言，恐其殒绝。"上乃听其终制。

左庶子李涵为河北宣慰使，会丁母忧，起复本官而行，每州县邮驿，公事之外，未尝启口，蔬饭饮水，席地而息。使还，请罢官，终丧制。代宗以其毁瘠，许之。自余能尽哀竭力，以丧其亲，孝感当时，名光后来者，世不乏人。此可谓丧则致其哀矣。

古之祭礼详矣，不可遍举。孔子曰：祭如在。君子事死如事生，事亡如事存。斋三日，乃见其所为斋者。祭之日，乐与哀半，飨之必乐，已至必哀。外尽物，内尽志；入室，然必有见乎其位；周还出户，肃然必有闻乎其容声；出户而听，忾然必有闻乎其叹息之声。是故先王之孝也，色不忘乎目，声不绝乎耳，心志嗜欲不忘乎心。致爱则存，致悫则著，著存不忘乎心，夫安得不敬乎！齐齐乎其敬也，愉愉乎其忠也，勿勿诸欲其飨之也。诗曰："神之格思，不可度思，矧可致思。"此其大略也。

孟蜀太子宾客李郸，年七十余，享祖考，犹亲涤器。人或代之，不从，以为无以达追慕之意。此可谓祭则致其严矣。

《经》曰：身体发肤，受之父母，不敢毁伤，孝之始也。

曾子有疾，召门弟子曰："启予足，启予手。诗云：'战战兢兢，如临深渊，如履薄冰。'而今而后，吾知免夫！小子。"

乐正子春下堂而伤足，数月不出，犹有忧色。门弟子曰："夫子之足瘳矣，数月不出，犹有忧色，何也？"乐正子春曰："善！如尔之间也。善！如尔之问也。吾闻诸曾子，曾子闻诸夫子，曰：'天之所生，地之所养，惟人为大。父母全而生之，子全而归之，可谓孝矣！不亏其体，不辱其身，可谓全矣！故君子顷步而弗敢忘孝也。'今予忘孝之道，予是以有忧色也。一举足而不敢忘父母，一出言而不敢忘父母。一举足而不敢忘父母，是故道而不径、舟而不游，不敢以先父母之遗体行殆。一出言而不敢忘父母，是故恶言不出于口，忿言不反于身。不辱其身，不羞其亲，可谓孝矣！"

或曰：亲有危难则如之何？亦忧身而不救乎？曰：非谓其然也。孝子奉父母之遗体，平居一毫不敢伤也；及其徇仁蹈义，虽赴汤火无所辞，况救亲于危难乎！古以死徇其亲者多矣。

晋末乌程人潘综，遭孙恩乱，攻破村邑，综与父骠共走避贼。骠年老行迟，贼转逼。骠语综："我不能去，汝可走脱，幸勿俱死。"骠困乏坐地。综迎贼，叩头曰："父年老，乞赐生命！"贼至，骠亦请贼曰："儿少，自能走，今为老子不去。孝子不惜死，可活此儿。"贼因斫骠。综乃抱父于腹下，贼斫综头面，凡四创，综当时闷绝。有一贼从傍来会，曰："卿举大事，此儿以死救父，云何可杀？杀孝子不祥。"贼乃止。父子并得免。

　　齐射声校尉庾道愍，所生母漂流交州道，愍尚在襁褓。及长知之，求为广州绥宁府佐。至府，而去交州尚远，乃自负担，冒险自达。及至州，寻求母，经年不获，日夜悲泣。尝入村，日暮雨骤，乃寄止一家。有妪负薪自外还，道愍心动，因访之，乃其母也。于是俯伏号泣，远近赴之，莫不挥泪。梁湘州主簿吉翂，父天监初为原乡令，为吏所诬，逮诣廷尉。翂年十五，号泣衢路，祈请公卿。行人见者，皆为陨涕。其父理虽清白，而耻为吏讯，乃虚自引咎，罪当大辟。翂乃挝登闻鼓，乞代父命。武帝嘉异之，尚以其童稚，疑受教于人，敕廷尉蔡法度严加胁诱，取其款实，法度乃还寺，盛陈徽纆，厉色问曰："尔求代父死，敕已相许，便应伏法，然刀锯至剧，审能死不？且尔童孺，志不及此，必人所教，姓名是谁？若有悔异，亦相听许。"对曰："囚虽蒙弱，岂不知死可畏惮？顾诸弟幼藐，唯囚为长，不忍见父极刑，自延视息，所以内断胸臆，上干页乘。今欲殉身不测，委骨泉壤，此非细故，奈何受人教耶？"法度知不可屈挠，乃更和颜，诱语之曰："主上知尊侯无罪，行当释，亮观君神仪明秀，足称佳童，今若转辞，幸父子同济，奚以此妙年，苦求汤镬？"翂曰："凡鲲鲕蝼蚁，尚惜其生，况在人斯，岂愿虀粉？但父挂深劾，必正刑书，故思殒仆，冀延父命。"翂初见囚，狱掾依法备加桎梏。法度矜之，命脱其二械，更令著岂小者。翂弗听，曰："翂求代父死，死囚岂可减乎？"竟不脱械。法度以闻帝，乃宥其父子。丹阳尹王志求其在廷尉故事，并诸乡居，欲于岁首举充纯孝。翂曰："异哉王尹！何量翂之薄也！夫父辱子死，斯道固然，若翂有觍面目，当其此举，则是因父买名，一何其辱。"拒之而止。此其章章尤著者也。

子 下

【题解】

本篇通过举例，主要告诫后代应当孝敬父母，并且提出了孝敬父母的具体方法。

【原文】

《书》称"舜，烝烝乂，不格奸"，何谓也？曰：言能以至孝，和顽嚚昏傲，使进进以善自治，不至于大恶也。

曾子耘瓜，误斩其根。皙怒，建大杖以击其背。曾子仆地而不知人。久之乃苏，欣然而起，进于曾皙曰："向也！参得罪于大人，用力教参，得无疾乎。"退而就房，援琴而歌，欲令曾皙闻之，知其体康也。孔子闻之而怒，告门弟子曰："参来，勿内。"曾参自以为无罪，使人请于孔子。孔子曰："汝不闻乎，昔舜之事瞽瞍，欲使之，未尝不在于侧；索而杀之，未尝可得。小捶则待过，大杖则逃走，故瞽瞍不犯不父之罪，而舜不失烝烝之孝。今参事父，委身以待暴怒，殪而不避，身既死而陷父于不义，其不孝孰大焉？汝非天子之民乎？杀天子之民，其罪奚若？"

曾参闻之，曰："参，罪大矣！"遂造孔子而谢过，此之谓也。

或曰，孔子称色难。色难者，观父母之志趣，不待发言而后顺之者也。然则《经》何以贵于谏争乎？曰：谏者，为救过也。亲之命可从而不从，是悖戾也，不可从而从之，则陷亲于大恶。然而不谏是路人，故当不义则不可不争也。或曰：然则争之能无睼亲之意乎？曰：所谓争者，顺而止之，志在必于从也。孔子曰："事父母几谏。见志不从，又敬不违，劳而不怨。"《礼》：父母有过，下气怡色，柔声以谏。谏若不人，起敬起孝。说则复谏。不说，则与其得罪于乡党州闾。宁熟谏。父母怒，不说而挞之流血，不敢疾怨，起敬起孝。又曰：事亲有隐而无犯。又曰：父母有过，谏而不逆。又曰：三谏而不听则号泣而随之，言穷无所之也。或曰：谏则彰亲之过，奈何？曰：谏诸内隐诸外者也，谏诸内则亲过不远，隐诸外故人莫得而闻也。且孝子善则称亲，过则归己。《凯风》曰："母氏圣善，我无令人。"其心如是，夫又何过之彰乎？

或曰：子孝矣，而父母不爱，如之何？曰：责己而已。昔舜父顽母嚚象傲，日以杀舜为事，舜往于田，日号泣于旻天，于父母负罪引慝，祇载见瞽瞍，夔夔斋栗。瞽瞍亦允若，诚之至也。如瞽瞍者，犹信而顺之，况不至是者乎！

曾子曰："父母爱之，喜而不忘；父母恶之，惧而弗怨。"

汉侍中薛包，好学笃行，丧母，以至孝闻。及父娶后妻而憎包，分出之。包日夜号泣，不能去，至被殴杖，不得已庐于舍外，旦人而洒埽。父怒，又逐之。乃庐于里门，晨昏不废。积岁余，父母惭而还之。

晋太保王祥至孝。早丧亲，继母朱氏不慈，数谮之，由是失爱于父，每使埽除牛下，祥愈恭谨。父母有疾，衣不解带，汤药必亲尝。有丹柰结实，母命守之，每风雨，祥辄抱树而泣。其笃孝纯至如此。母终，居丧毁悴，杖而后起。

西河人王延，九岁丧母，泣血三年，几至灭性。每至忌月，则悲泣三旬。继母卜氏遇之无道，恒以蒲穰及败麻头与延贮衣。其姑闻而问之，延知而不言，事母弥谨。卜氏尝盛冬思生鱼，敕延求而不获，杖之流血。延寻汾凌而哭。忽有一鱼，长五尺，踊出冰上。延取以进母。卜氏心悟，抚延如己生。齐始安王谘议刘讽父绍仕宋，位中书郎。讽母早亡，绍被敕纳路太后兄女为继室，讽年数岁，路氏不以为子，奴婢辈捶打之，无期度。讽母亡日，辄悲啼不食，弥为婢辈所苦。路氏生讽，讽怜爱之不忍舍，常在床帐侧，辄被驱捶，终不肯去。路氏病经年，泛昼夜不离左右，每有增加，辄流涕不食。路氏病瘥，感其意，慈爱遂隆。路氏富盛，一旦，为讽立斋宇筵席，不减侯王。

唐富歆观察使崔衍父伦为左丞，继母李氏，不慈于衍。衍时为富平尉。伦使于吐蕃，久方归。李氏衣敝衣以见伦。伦问其故。李氏称，伦使于蕃中，衍不给衣食。伦大怒，召衍责诟，命仆隶拉于地，袒其背，将鞭之。衍泣涕，终不自陈。伦弟殷闻之，趋往，以身蔽衍，杖不得下，因大言曰："衍每月俸钱皆送嫂处，殷所具知，何忍乃言衍不给衣食？"伦怒乃解。由是伦遂不听李氏之谮。及伦卒，衍事李氏益谨。李氏所生次子郃，每多取母钱，使其主以书契征负于衍。衍岁为偿之。故衍官至江州刺史，而妻子衣食无所余。子诚孝而父母不爱，则孝益彰矣，何患乎！

或曰：妻子失亲之意，则如之何？曰：礼，子甚宜其妻，父母不说，出；子不宜其妻，父母曰"是善事我"，子行夫妇之礼焉，没身不衰。

汉司隶校尉鲍永，事后母至孝。妻尝于母前叱狗，永去之。

齐征北司徒记室刘㵎母孔氏，甚严明。㵎年四十余，未有婚对。建元中，高帝与司徒褚彦回为㵎娶王氏女，王氏穿壁挂履，土落孔氏床上。孔氏不悦，㵎即出其妻。

唐风阁舍人李迥秀母氏庶贱，其妻崔氏，尝叱媵婢，母闻之不悦。迥秀即时出妻。或止之曰："贤室虽不避嫌疑，然过非出状，何遽如此？"迥秀曰："娶妻本以养亲，今违忤颜色，何敢留也。"竟不从。

后汉郭巨家贫，养老母。妻生一子，三岁，母常减食与之，巨谓妻曰："贫乏不能供给，共妆埋子。子可再有，母不可再得。"妻不敢违，巨遂掘坑二尺余，得黄金一釜。或曰：郭巨非中道。曰：然。以此教民，民犹厚于慈而薄于孝。

或曰：五母在礼，律皆同服。凡人事嫡，继，慈养之情乌能比于所生？或者疑于伪与。曰：是何言之悖也。在礼，为人后者，斩衰三年。《传》曰：何以三年也？受重者必以尊服服之。何如而可为之后？同宗则可为之后。如何而可以为人后？支子可也。为所后者之祖父母妻，妻之父母昆弟，昆弟之子若子，继母如母。《传》曰：继母何以如母？继母之配父，与因母同，故孝子不敢殊也。慈母如母。《传》曰：慈母者，何也？妾之无子者，妾子之无母者，父命妾曰，以为子；命子曰，女以为母。若是则生养之，终其身如母，死则丧之三年如母，贵父之命也。况嫡母子之君也。其尊至矣！梁中军田曹行参军庾沙弥嫡母刘氏，寝疾。沙弥晨昏侍侧，衣不解带。或应针灸，辄以身先试。及母亡，水浆不入口累日。初进大麦薄饮，经十旬，方为薄粥，终丧不食盐酱。冬日不衣绵纩，夏日不解衰绖，不出庐户，昼夜号恸，邻人不忍闻。所坐荐，泪沾为烂。墓在新林，忽有旅松百许株，枝叶郁茂，有异常松。刘好啖甘蔗，沙弥遂不复食之，汉丞相翟方进，既富贵，后母犹在，进供养甚笃。太尉胡广年八十，继母在堂，朝夕赡省，旁无几杖，言不称老。汉显宗命马皇后母养肃宗，肃宗孝性纯笃，母子慈爱，始终无纤介之间。帝既专以马氏为外家，故所生贾贵人不登极位。贾氏亲宗，无受宠荣者。及太后崩，乃策书加贵人玉赤绶而已。古人有丁兰者，母早亡，不及养，乃刻木而事之。彼贤者，孝爱之心发于天性；失其亲而无所施，至于刻木，犹可事也，况嫡继慈养之存乎？圣人顺贤者之心而为之礼，岂有圣人而教人为伪者乎？

葬者，人子之大事。死者以窀穸为安宅，兆而未葬，犹行而未有归者也。

是以孝子虽爱亲，留之不敢久也。古者天子七月，诸侯五月，大夫三月，士逾月，诚由礼物有厚薄，奔赴有远近，不如是不能集也。国家诸令，王公以下皆三月而葬，盖以待同位外姻之会葬者适时之宜，更为中制也。《礼》：未葬不变服，啜粥，居倚庐，寝苫枕块，既虞而后有所变，盖孝子之心，以为亲未获所安，已不敢即安也。

汉蜀郡太守廉范，王莽大司徒丹之孙也。父遭丧乱，客死于蜀汉，范遂流寓西州。西州平，归乡里。年十五，辞母西迎父丧。蜀都太守张穆，丹之故吏，重资送范。范无所受，与客步负丧归葭萌。载船触石破没，范抱持棺柩，遂俱沉溺。众伤其义，钩求得之，疗救仅免于死，卒得归葬。

宋会稽贾恩，母亡未葬，为邻火所逼，恩及妻柏氏号泣奔救。邻近赴助，棺椁得免，恩及柏氏俱烧死。有司奏，改其里为"孝义里"，蠲租布三世，追赠恩显亲左尉。

会稽郭原平，父亡，为茔圹凶功不欲假人，已虽巧而不解作墓，乃访邑中有营墓者，助之运力，经时展勤，久乃闲练。又自卖十夫，以供众费。窀穸之事，俭而当礼，性无术学，因心自然。葬毕，诣所，买主，执役无懈，与诸奴分务，让逸取劳，主人不忍使，每遣之。原平服勤，未尝暂替。佣赁养母，有余聚以自赎。

海虞令何子平，母丧去官，哀毁逾礼，每至哭踊，顿绝方苏。属大明末，东土饥荒，继以师旅，八年不得营葬。昼夜号哭，常如袒括之日，冬不衣絮，暑不就清凉，一日以数合米为粥，不进盐菜。所居屋败，不蔽风日，兄子伯与欲为葺理，子平不肯，曰："我情事未伸，天地一罪人耳，屋何宜覆？"蔡兴宗为会稽太守，甚加矜赏，为营冢圹。

新野庚震丧父母，居贫无以葬，赁书以营事，至手掌穿，然后成葬事。

贤者于葬，何如其汲汲也。今世俗信术者妄言，以为葬不择地及岁月日时，则子孙不利，祸殃总至，乃至终丧除服，或十年，或二十年，或终身，或累世，犹不葬，至为水火所漂焚，他人所投弃，失亡尸柩，不知所之者，岂不哀哉！人所贵有子孙者，为死而形体有所付也。而既不葬，则与无子孙而死道路者奚以异乎？诗云："行有死人，尚或瑾之。"况为人子孙，乃忍弃其亲而不葬哉！

唐太常博士吕才叙《葬书》曰："《孝经》云，'卜其宅兆而安厝之'。盖以窀穸既终，永安体魄，而朝市迁变，泉石交侵，不可前知，故谋之龟筮。近代或选年月，或相墓田，以为一事失所，祸及死生。按礼，天子、诸侯、大夫葬，皆有月数，则是古人不择年月也。《春秋》九月丁巳葬宁公，雨，不克葬；戊午日中，乃克日中而窆。子产不毁，是不择时也。古之葬者，皆于国都之北，域有常处，是不择地也。今葬者，以为子孙富贵贫贱夭寿，皆因卜所致。夫子文为令尹而三已，柳下惠为士师而三黜，讨其邱垄，未尝改移，而野俗无识，妖巫妄言，遂于擗踊之际，择葬地而希官爵，荼毒之秋，选葬时而规财利，斯言至矣。夫死生有命，富贵在天，固非葬所能移。就使能移，孝子何忍委其亲不葬而求利已哉？世又有用羌胡法，自焚其枢收烬骨而葬之者，人习为常，恬莫之怪。呜呼！讹俗悖戾，乃至此乎？或曰：旅宦远方，贫不能致其枢，不焚之何以致其就葬？曰：如廉范辈，岂其家富也。延陵季子有言：'骨肉归复于土，命也，魂气则无不之也。'舜为天子，巡狩至苍梧而殂，葬于其野。彼天子犹然，况士民乎！必也无力不能归其枢，即所亡之地而葬之，不犹愈于毁焚乎？或曰：生事之以礼，死葬之以礼，祭之以礼，具此数者，可以为大孝乎？曰：未也。天子以德教加于百姓，刑于四海为孝；诸侯以保社稷为孝，卿大夫以守其宗庙为孝；士以保其禄位为孝，皆谓能成其先人之志，不坠其业者也。"

晋庾衮父戒衮以酒，衮尝醉，自责曰："余废先人之戒，其何以训人？"乃于父墓前自杖三十。可谓能不忘训辞矣。

《诗》云："题彼鹡鸰，载飞载鸣，我日斯迈，而月斯征。夙兴夜寐，无忝尔所生。"

《经》曰：立身行道，扬名于后世，以显父母，孝之终也。又曰：事亲者，居上不骄，为下不乱，在丑不争。居上而骄则亡，为下而乱则刑，在丑而争则兵。三者不除，虽日用三牲之养，犹为不孝也。

《内则》曰："父母虽没，将为善，思贻父母令名，必果；将为不善，思贻父母羞辱，必不果。"

公明仪问于曾子曰："夫子可以为孝乎？"曾子曰："是何言

欤？是何言欤？君子之所谓孝者，先意承志，谕父母于道。参直养者也，安能为孝乎。"曾子曰："身也者，父母之遗体也。行父母之遗体，敢不敬乎？居处不庄非孝也，事君不忠非孝也，莅官不敬非孝也，朋友不信非孝也，战陈无勇非孝也。五者不备，灾及其亲，敢不敬乎？亨熟膻芗，尝而荐之，非孝也。君子之所谓孝也，国人称愿，然日幸哉有子如此，所谓孝也已。"为人子能如是，可谓之孝有终矣。

兄

【题解】

本篇通过引用万章与孟子的对话，写了舜对待不恭敬自己的弟弟象的事例，并借此解答了兄弟之间不睦的解决办法。

【原文】

凡为人兄不友其弟者，必曰"弟不恭于我"。自古为弟而不恭者孰若象？万章问于孟子，曰："父母使舜完廪，捐阶，瞽瞍焚廪；使浚井，出，从而掩之。象曰：'谟盖都君咸我绩。牛羊父母，仓廪父母。干戈朕、琴朕、弤朕、二嫂使治朕栖。'象往入舜宫，舜在床琴。象曰：'郁陶思君尔！'忸怩。舜曰：'惟兹臣庶，汝其于予治。'不识舜不知象之将杀己与？"曰："奚而不知也？象忧亦忧，象喜亦喜。"曰："然则舜伪喜者与！"曰："否！昔者有馈生鱼于郑子产。子产使校人畜之池。校人烹之，反命曰：'始舍之，圉圉焉，少则洋洋焉，攸然而逝。'子产曰：'得其所哉！得其所哉！'校人出曰：'孰谓子产智？予既烹而食之，曰：得其所哉，得其所哉！'故君子可欺以其方，难罔以非其道。彼以爱兄之道来，故诚信而喜之，奚伪焉！"万章问曰："象日以杀舜为事，立为天子，则放之，何也？"孟子曰："封之也。或曰放焉"。万章曰："舜流共工于幽州，放罐兜于崇山，杀三苗于三危，殛鲧于羽山，四罪而天下咸服，诛不仁也。象至不仁，封之有庳。有庳之人奚罪焉？仁人固如是乎？在他人则诛之，在弟则封之。"曰："仁人之于弟也，不藏怒焉，不宿怨焉，亲爱之而已矣。亲之欲其贵也，爱之欲其富也。封之有庳，富贵之也。身为天子，弟为匹夫，可谓亲爱之乎？""敢问，或曰放者何谓也？"曰"象不得有为于其国，天子使吏治其国，而纳其贡赋焉，故谓之放，岂得暴彼民哉！虽然，欲常常而见之，故源源而来。不及贡，以政接于有庳。"

汉丞相陈平，少时家贫，好读书，有田三十亩，独与兄伯居。伯常耕田，纵平使游学。平为人长大美色。人或谓陈平："贫何食而肥若是？"其嫂嫉平之不视家产，曰，"亦食粮糠核耳。有叔如此，不如无有。"伯闻之，逐其妇而弃之。

御史大夫卜式，本以田畜为事，有少弟。弟壮，式脱身出，独取畜羊百余，田宅财物尽与弟。式入山牧，十余年，羊致千余头，买田宅。而弟尽破其产，式辄复分与弟者数矣。

隋吏部尚书牛弘弟弼，好酒，酗，尝醉，射杀弘驾车牛。弘还宅，其妻迎谓曰："叔射杀牛。"弘闻，无所怪问，直答曰："作脯"。坐定，其妻又曰："叔忽射杀牛，大是异事。"弘曰："已知。"颜色自若，读书不辍。唐朔方节度使李光进，弟河东节度使光颜先娶妇，母委以家事。及光进娶妇，母已亡。光颜妻籍家财，纳管钥于光进妻。光进妻不受，曰："娣妇逮事先姑，且受先姑之命，不可改也。"因相持而泣，卒令光颜妻主之矣。平章事韩滉，有幼子，夫人柳氏所生也。弟滉戏于掌上，误坠阶而死。滉禁约夫人勿悲啼，恐伤叔郎意。为兄如此，岂妻妾他人所能间哉！

弟

　　本篇列举了弟弟对兄长敬爱的典范，如梁安成康五秀、后汉议郎郑均、晋咸宁中疫颖川等人。

【原文】

　　弟之事兄，主于敬爱。齐射声校尉刘琎，兄瓛夜隔壁呼琎。琎不答，方下床着衣，立，然后应。瓛怪其久。琎曰："向束带未竟。"

　　梁安成康王秀，于武帝布衣昆弟，及为君臣，小心敬畏，过于疏贱者。帝益以此贤之。若此，可谓能敬矣。

　　后汉议郎郑均，兄为县吏，颇受礼遗，均数谏止，不听，即脱身为佣。

　　岁余，得钱帛归，以与兄，曰："物尽可复得。为吏坐赃，终身捐弃。"兄感其言，遂为廉洁。均好义笃实，养寡嫂孤儿，恩礼甚至。

　　晋咸宁中疫颖川，庾衮二兄俱亡。次兄毗复危殆。疠气方炽，父母诸弟皆出次于外，衮独留不去。诸父兄强之，乃曰：

"衮性不畏病。"遂亲自扶持，昼夜不眠。其间复抚柩哀临不辍。如此，十有余旬，疫势既歇，家人乃反。毗病得差，衮亦无恙。父老咸曰："异哉此子！守人所不能守，行人所不能行，岁寒然后知松柏之后凋，始知疫疠之不相染也。"

右光禄大夫颜含，兄畿，咸宁中得疾，就医自疗，遂死于医家。家人迎丧，旐每绕树而不可解，引丧者颠仆，称畿言曰："我寿命未死，但服药太多，伤我五脏耳，今当复活，慎无葬也。"其父祝之曰："若尔有命复生，其非骨肉所愿，今但欲还家，不尔葬也。"旐乃解。及还，其妇梦之曰："吾当复生，可急开棺。"妇颇说之。其夕，母及家人又梦之，即欲开棺，而父不听。含时尚少，乃慨然曰："非常之事，古则有之。今灵异至此，开棺之痛，孰与不开相负？"父母从之，乃共发棺，果有生验以手刮棺，指抓尽伤，气息甚微，存亡不分矣。饮哺将获，累月犹不能语，饮食所须，托之以梦。阖家营视，顿废生业，虽在母妻，不能无倦也。含乃绝弃人事，躬亲侍养，足不出户者，十有三年。石崇重含淳行，赠以甘旨，含谢而不受。或问其故，答曰："病者绵昧，生理未全，既不能进啖，又未识人惠，若当谬留，岂施者之意也？"畿竟不起。含二亲即终，两兄既殁，次嫂樊氏因疾失明，含课励家人，尽心奉养，日自尝省药馔，察问息耗，必簪屦束带，以至病愈。

后魏正平太守陆凯兄琇，坐咸阳王禧谋反事，被收，卒于狱。凯痛兄之死，哭无时节，目几失明，诉冤不已，备尽人事。至正始初，世宗复琇官爵。凯大喜，置酒集诸亲曰："吾所以数年之中抱病忍死者，顾门户计尔。逝者不追，今愿毕矣。"遂以其年卒。

唐英公李勣，贵为仆射，其姊病，必亲为燃火煮粥，火焚其须鬓。姊曰："仆射妾多矣，何为自苦如是？"勋曰："岂为无人耶？顾今姊年老，勋亦老，虽欲久为姊煮粥，复可得乎？"若此，可谓能爱矣！

夫兄弟至亲，一体而分，同气异息。诗云："凡今之人，莫如兄弟。"

又云："兄弟阋于墙，外御其侮。"言兄弟同休戚，不可与他人议之也。若己之兄弟且不能爱，何况他人？己不爱人，人谁爱己？人皆莫之爱，而患难不至者，未之有也。《诗》云："毋独斯畏"，此之谓也。兄弟，手足也。今有人断其左足，以益右手，庸何利乎？鼬一身两口，争食相龁，遂相杀也。争利而相害，何异于鼬乎？

《颜氏家训》论兄弟曰："方其幼也，父母左提右挈，前襟后裾，食则同案，衣则传服，学则连业，游则共方，虽有悖乱之人，不能不相爱也。及其壮也，各妻其妻，各子其子，虽有笃厚之人，不能不少衰也。娣姒之比兄弟，则疏薄矣。今使疏薄之人而节量亲厚之恩，犹方底而圆盖，必不合也。唯友悌深至，不为傍人之所移者，可免夫。兄弟之际，异于他人，望深虽易怨，比他亲则易弭。譬犹居室，一穴则塞之，一隙则涂之，无颓毁之虑。如雀鼠之不恤，风雨之不防，壁陷楹沦，无可救矣。仆妾之为雀鼠，妻子之为风雨，甚哉！兄弟不睦，则子侄不爱。子侄不爱，则群从疏薄。群从疏薄，则童仆为仇敌矣。如此，则行路皆踏其面而蹈其心，谁救之哉？人或交天下之士，皆有欢爱，而失敬于兄者，何其能多而不能少也？人或将数万之师，得其死力，而失恩于弟者，何其能疏而不能亲也？娣姒者，多争之地也。所以然者，以其当公务而就私情，处重责而怀薄义也。若能恕己而行，换子而抚，则此患不生矣。人之事兄不同于事父，何怨爱弟不如爱子乎？是反照而不明矣。

吴太伯及弟仲雍，皆周太王之子，而王季历之兄也。季历贤，而有圣子昌，太王欲立季历以及昌。于是太伯、仲雍二人乃奔荆蛮，文身断发，示不可用，以避季历。季历果立，是为王季，而昌为文王。太伯之奔荆蛮，自号句吴。荆蛮义之，从而归之千余家，立为吴太伯。子曰："太伯，其可谓至德也已矣。三以天下让，民无得而称焉。"

伯夷、叔齐，孤竹君之二子也。父欲立叔齐。及父卒，叔齐让伯夷。伯夷曰："父命也。"遂逃去。叔齐亦不肯立而逃之。国人立其中子。宋宣公舍其子与夷而立穆公。穆公疾，复舍其子冯而立与夷，君子曰："宣公可谓知人矣！立穆公，其子飨之，命以义夫！"

吴王寿梦卒，有子四人，长曰诸樊，次日余祭，次日夷昧，次曰季札。季札贤，而寿梦欲立之。季札让，不可，于是乃立长子诸樊。诸樊卒，有命授弟余祭，欲传以次，必致国于季札而止。季札终逃去，不受。

汉扶阳侯韦贤病笃，长子太常丞弘坐宗庙事系狱，罪未决。室家问贤当为后者。贤恚恨，不肯言。于是贤门下生博士义倩等与室家计，共矫贤令，使家丞上书言大行，以大河都尉玄成为后。贤薨，玄成在官闻丧，又言当为嗣，玄成深知其非贤雅意，即阳为病狂，卧便利中，笑语昏乱。征至长安，既葬，当袭爵，以病狂不应召。大洪胪奏状，章下丞相御史案验，遂以玄成实不病劾奏之。有诏勿劾，引拜，玄成不得已受爵。宣帝高其节。时上欲淮阳宪王为嗣，然因太子起于细微，又早失母，故不忍也。久之，上欲感风宪王。辅以礼让之臣，乃召拜玄成为淮阳中尉。

陵阳侯丁綝卒，子鸿当袭封，上书让国子弟成，不报。即葬，挂衰绖于冢庐而逃去。鸿与九江人鲍骏相友善，及鸿无，封，与骏遇于东海，阳狂不识骏。骏乃止而让之曰："春秋之义，不以家事废王事；今子以兄弟私恩而绝父不灭之基，可谓智乎？"鸿感语垂涕，乃还就国。

居巢侯刘般卒，子恺当袭爵，让于弟宪，遁逃避封。久之，章和中，有司奏请绝恺国，肃宗美其义，特优假之，恺犹不出。积十余岁，至永元十年，有司复奏之。侍中贾逵上书称："恺有伯夷之节，宜蒙矜宥，全其先公，以增圣朝尚德之美。"和帝纳之，下诏曰："王法崇善，成人之美，其听宪嗣爵。遭事之宜，后不得以为比。"乃征恺，拜为郎。

后魏高凉王孤，平文皇帝之第四子也，多才艺，有志略。烈帝之前元年，国有内难，昭成为质于后赵。烈帝临崩，顾命迎立昭成。及崩，群臣咸以新有大故，昭成来，未可果，宜立长君，次弟屈，刚猛多变，不如孤之宽和柔顺。于是大人梁盖等杀屈，共推孤为嗣。孤不肯，乃自诣邺奉迎，请身留为质。石季龙义而从之。昭成即王位，乃分国半部以与之。然兄弟之际，宜相与尽诚，若徒事形迹，则外虽友爱而内实乖离矣。

宋祠部尚书蔡廓，奉兄轨如父，家事大小皆咨而后行。公禄赏赐，一皆入轨。有所资须，悉就典者请焉。从武帝在彭城，妻郗氏书求夏服。时轨为给事中，廓答书曰："知须夏服，计给事自应相供，无容别寄。"向使廓从妻言，乃乖离之渐也。

梁安成康王秀与弟始兴王儋友爱尤笃，儋久为荆州刺史，常以所得中分秀。秀称心受之，不辞多也。若此，可谓能尽诚矣！

卫宣公恶其长子急子，使诸齐，使盗待诸莘，将杀之。弟寿子告之使行，不可，曰："弃父之命，恶用子矣！有无丈之国则可也。"及行，饮以酒，寿子载其旌以先，盗杀之。急子至，曰：

"我之求也，此何罪，请杀我乎？"又杀之。

王莽末，天下乱，人相食。沛国赵孝弟礼，为饿贼所得，孝闻之，即自缚诣贼曰："礼久饿羸瘦，不如孝肥。"饿贼大惊，并放之，谓曰"且可归，更持米糟来。"孝求不能得，复往报贼，愿就烹。众异之，遂不害。乡党服其义！

北汉淳于恭兄崇将为盗所烹，恭请代，得俱免。

又，齐国倪萌、梁郡车成二人，兄弟并见执于赤眉，将食之。萌、成叩头，乞以身代，贼亦哀而两释焉。

宋大明五年，发三五丁，彭城孙棘弟萨应充行，坐违期不至。棘诣郡辞列：棘为家长，令弟不行，罪应百死，乞以身代萨。萨又辞列自引。太守张岱疑其不实，以棘、萨各置一处，报云："听其相代，颜色并悦，甘心赴死。"棘妻许又寄语属棘："君当门户，岂可委罪小郎？且大家临亡，以小郎属君，竟未妻娶，家道不立，君已有二儿，死复何恨？"岱依事表上。孝武诏，特原罪，州加辟命，并赐帛二十匹。

梁江陵王玄绍、孝英、子敏，兄弟三人，特相友爱，所得甘旨新异，非共聚食，必不先尝。孜孜色貌，相见如不足者，及西台陷没，玄绍以须面魁梧，为兵所围，二弟共抱，各求代死，解不可得，遂并命云。贤者之于兄弟，或以天下国邑让之，或争为死；而愚者争锱铢之利，一朝之忿，或斗讼不已，或干戈相攻，至于破国灭家，为他人所有，乌在其能利也哉？正由智识褊浅，见近小而遗远大故耳，岂不哀哉！诗曰："彼令兄弟，绰绰有裕。不令兄弟，交相为瘝。"其是之谓欤。子产曰："直钧，幼贱有罪。"然则兄弟而及于争，虽俱有罪，弟为甚矣！世之兄弟不睦者，多由异母或前后嫡庶更相憎嫉，母既殊情，子亦异党。

晋太保王祥，继母朱氏遇祥无道。朱子览，年数岁，见祥被楚挞，辄涕泣抱持。至于成童，每谏其母，少止凶虐。朱屡以非理使祥，览辄与祥俱。又虐使祥妻，览妻亦趋而共之。朱患之，乃止。祥丧父之后，渐有时誉，朱深疾之，密命鸩祥。览知之，径起取酒。祥疑其有毒，争而不与。朱遽夺，反之。自后，朱赐祥馔，览先尝。朱辄惧览致毙，遂止。览孝友恭恪，名亚于祥，仕至光禄大夫。

后魏仆射李冲，兄弟六人，四母所出，颇相忿阋。及冲之贵，封禄恩赐，皆与共之，内外辑睦。父亡后，同居二十余年，更相友爱，久无间然，皆冲之德也。

北齐南汾州刺史刘丰，八子俱非嫡妻所生，每一子所生丧，诸子皆为制服三年。武平、仲啼所生丧，诸弟并请解官，朝廷义而不许。

唐中书令韦嗣立，黄门侍郎承庆异母弟也。母王氏遇承庆甚严，每有杖罚，嗣立必解衣请代，母不听，辄私自杖。母察知之，渐加恩贷。兄弟苟能如此，奚异母之足患哉。

姑姊妹齐攻鲁，至其郊，望见野妇人抱一儿、携一儿而行。军且及之，弃其所抱，抱其所携走于山。儿随而啼，妇人疾行不顾，齐将问儿曰："走者尔母耶？"曰："是也。""母所抱者谁也？"曰："不知也。"齐将乃追之。军士引弓将射之。曰："止！不止，吾将射尔。"妇人乃还。齐将问之曰："所抱者谁也？所弃者谁也？"妇人对曰："所抱者，妾兄之子也；弃者，妾之子也。见军之至，将及于追，力不能两护，故弃妾之子。"齐将曰："子之于母，其亲爱也，痛甚于心，今释之而反抱兄之子，何也？"妇人曰："己之子，私爱也。兄之子，公义也。夫背公义而向私爱，亡兄子而存妾子，幸而得免，则鲁君不吾畜，大夫不吾养，庶民国人不吾与也。夫如是，则胁肩无所容，而累足无所履也。

子虽痛乎，独谓义何？故忍弃子而行义。不能无义而视鲁国。"于是齐将案兵而止，使人言于齐君曰："鲁未可伐。乃至于境，山泽之妇人耳，犹知持节行义，不以私害公，而况于朝臣士大夫乎？请还。"齐君许之，鲁君闻之，赐束帛百端，号曰"义姑姊"。

梁节姑姊之室失火，兄子与己子在室中，欲取其兄子，辄得其子，独不得兄子。火盛，不得复人。妇人将自赴火，其友止之曰："子本欲取兄之子，惶恐卒误得尔子，中心谓何？何至自赴火？"妇人曰："梁国岂可户告人晓也，被不义之名，何面目以见兄弟国人哉？吾欲复投吾子，为失母之恩。吾势不可生。"遂赴火而死。

汉郃阳任延寿妻季儿有三子，季儿兄季宗与延寿争葬父事，延寿与其友田建阴杀季宗。建独坐死。延寿会赦，乃以告季儿。季儿曰："嘻！独今乃语我乎？"遂振衣欲去，问曰："所与共杀吾兄者，为谁？"曰："与田建。田建已死，独我当坐之，汝杀我而已。"季儿曰："杀夫不义，事兄之仇亦不义。"延寿曰："吾不敢留汝，愿以车马及家中财物尽以送汝，惟汝所之。"季儿曰："吾当安之？兄死而仇不报，与子同枕席而使杀吾兄，内不能和夫家，外又纵兄之仇，何面目以生而戴天履地乎？"延寿惭而去，不敢见季儿。季儿乃告其大女曰："汝父杀吾兄，义不可以留，又终不复嫁矣。吾去汝而死，汝善视汝两弟。"遂以缀自经而死。左冯翊王让闻之，大其义，令县复其三子而表其墓。

唐冀州女子王阿足，早孤，无兄弟，唯姊一人。阿足初适同县李氏，未有子而亡，时年尚少，人多聘之。为姊年老孤寡，不能舍去，乃誓不嫁，以养其姊。每昼营田业，夜便纺绩，衣食所须，无非阿足出者，如此二十余年。及姊丧，葬送以礼。乡人莫不称其节行，竞令妻女求与相识。后数岁，竟终于家。

袁氏世范

《袁氏世范》为袁采所著，共有三卷，原名《训俗》，即睦亲篇、处己篇、治家篇，被誉为"《颜氏家训》之亚"，内容丰富，很有亲和力和实用价值，在中国家训发展史上占有重要的地位。

袁采，字君载，宋孝宗隆兴元年（1163年）进士，思想开明，为官清廉，官至监登闻鼓院。著有《县令小录》《世范》等。

睦亲篇

【题解】

本篇主要讲解家庭和睦相处的道理和方法。

【原文】

父兄之间莫辩曲直

子之于父，弟之于兄，犹卒伍之于将帅，胥吏之于官曹，奴婢之于雇主，不可相视如朋辈，事事欲论曲直。若父兄言行之失，显然不可掩，子弟止可和颜几谏。若以曲理而加之，子弟尤当顺受，而不当辩。为父兄者又当自省。

兄弟各安贫富

兄弟子侄贫富厚薄不同，富者既怀独善之心，又多骄傲，贫者不生自勉之心，又多妒嫉，此所以不和。若富者时分惠其余，不恤其不知恩；贫者知自有定分，不望其必分惠，则亦何争之有！

分财产贵公允

朝廷立法，于分析一事非不委曲详悉，然有果是窃众营私，却于典卖契中，称系妻财置到，或诡名置产，官中不能尽行根究。又有果是起于贫寒，不因祖父资产自能奋立，营置财业。或虽有祖宗财产，不因于众，别自殖立私财，其同宗之人必求分析。至于经县、经州、经所在官府累十数年，各至破荡而后已。若富者能反思，果是因众成私，不分与贫者，于心岂无所慊！果是自置财产，分与贫者，明则为高义，幽则为阴德，又岂不胜如连年争讼，妨废家务，必资备裹粮，与嘱托吏胥，贿赂官员之徒废耶？贫者亦宜自思，彼实窃众，亦由辛苦营运以至增置，岂可悉分有之？况实彼之私财，而吾欲受之，宁不自愧？苟能知此，则所分虽微，必无争讼之费也。

家业兴衰系子弟

同居父兄子弟，善恶贤否相半，若顽狠刻薄不惜家业之人先死，则其家兴盛未易量也；若慈善长厚勤谨之人先死，则其家不可救矣。谚云："莫言家未成，成家子未生；莫言家未破，破家子未大。"亦此意也。

养子亦需慎重

贫者养他人之子当于幼时。盖贫者无田宅可养暮年，惟望其子反哺，不可不自其幼时衣食抚养以结其心；富者养他人之子当于既长之时。令世之富人养他人之子，多以为讳故，欲及其无知之时抚养，或养所出至微之人。长而不肖，恐其破家，方议逐去，致其争讼。若取于既长之时，其贤否可以粗见，苟能温淳守己，必能事所养如所生，且不致破家，亦不致争讼也。

人之智识有高下

人之智识固有高下，又有高下殊绝者。高之见下，如登高望远，无不尽见；下之视高，如在墙外欲窥墙里。若高下相去差近犹可与语；若相去远甚，不如勿告，徒费口颊舌尔。譬如弈棋，若高低止较三五着，尚可对弈，国手与未识筹局之人对弈，果何如哉？

处己篇

【题解】

本篇主要论述个人的修养、为人处世之道。

【原文】

礼不可因人而异

世有无知之人，不能一概礼待乡曲。而因人之富贵贫贱设为高下等级。见有资财有官职者则礼恭而心敬。资财愈多，官职愈高，则恭敬又加焉。至视贫者，贱者，则礼傲而心慢，曾不少顾恤。殊不知彼之富贵，非吾之荣，彼之贫贱，非我之辱，何用高下分别如此！长厚有识君子必不然也。

人生甜苦参半

膺高年享富贵之人，必须少壮之时尝尽艰难，受尽辛苦，不曾有自少壮享富贵安逸至老者。早年登科及早年受奏补之人，必于中年龃龉不如意，却于暮年方得荣达。或仕宦无龃龉，必其生事窘薄，忧饥寒，虑婚嫁。若早年宦达，不历艰难辛苦，及承父祖生事之厚，更无不如意者，多不获高寿。造物乘除之理类多如此。其间亦有始终享富贵者，乃是有大福之人，亦千万人中间有之，非可常也。今人往往机心巧谋，皆欲不受辛苦，即享富贵至终身。盖不知此理，而又非理计较，欲其子孙自小安然享大富贵，尤其蔽惑也，终于人力不能胜天。

随遇而安方为福

人生世间，自有知识以来，即有忧患如意事。小儿叫号，皆其意有不平。自幼至少至壮至老，如意之事常少，不如意之事常多。虽大富贵之人，天下之所仰羡以为神仙，而其不如意处各自有之，与贫贱人无异，特所忧虑之事异尔。故谓之缺陷世界，以人生世间无足心满意者。能达此理而顺受之，则可少安。

先天不足，后天补之

人之德性出于天资者，各有所偏，君子知其有所偏，故以其所习为而补之，则为全德之人。常人不自知其偏，以其所偏而直情径行，故多失。《书》言九德，所谓宽、柔、愿、乱、扰、直、简、刚、强者，天资也；所谓栗、立、恭、敬、毅、温、廉、塞、义者，习为也。此圣贤之所以为圣贤也。后世有以性急而佩韦、性缓而佩弦者，亦近此类。虽然，己之所谓偏者，苦不自觉，须询之他人乃知。

人各有所长

人之性行虽有所短，必有所长。与人交游，若常见其短，而不见其长，则时日不可同处；若常念其长，而不顾其短，虽终身与之交游可也。

待人不可轻慢嫉妒

处己接物，而常怀慢心、伪心、妒心、疑心者，皆自取轻辱于人，盛德君子所不为也。慢心之人自不如人，而好轻薄人。见敌己以下之人，及有求于我者，面前既不加礼，背后又窃讥笑。若能回省其身，则愧汗浃背矣。伪心之人言语委曲，若甚相厚，而中心乃大不然。一时之间人所信慕，用之再三则踪迹露见，为人所唾去矣。妒心之人常欲我之高出于人，故闻有称道人之美者，则贫然不平，以为不然；闻人有不如人者，则欣然笑快，此何加损于人，只厚怨耳。疑心之人，人之出言，未尝有心，而后复思绎曰："此讥我何事？此笑我何事？"则与人缔怨，常萌于此。贤者闻人讥笑，若不闻焉，此岂不省事！

忠信笃敬，圣人之术

言忠信，行笃敬，乃圣人教人取重于乡曲之术。盖财物交加，不损人而益己，患难之际，不妨人而利己，所谓忠也。不所许诺。纤毫必偿，有所期约，时刻不易，所谓信也。处事近厚，处心诚实，所谓笃也。礼貌卑下，言辞谦恭，所谓敬也。若能行此，非惟取重于乡曲，则亦无入而不自得。然敬之一事，于己无损，世人颇能行之，而矫饰假伪，其中心则轻薄，是能敬而不能笃者，君子指为谀佞，乡人久亦不归重也。

严律己宽待人

忠、信、笃、敬，先存其在己者，然后望其在人。如在己者未尽，而以责人，人亦以此责我矣。今世之人能自省其忠、信、笃、敬者盖寡，能责人以忠、信、笃、敬者皆然也。虽然，在我者既尽，在人者也不必深责。今有人能尽其在我者固善矣，乃欲责人之似己，一或不满吾意，则疾之已甚，亦非有容德者，只益贻怨于人耳！

做事须问心无愧

今人有为不善之事，幸其人之不见不闻，安然自得，无所畏忌。殊不知人之耳目可掩，神之聪明不可掩。凡吾之处事，心以为可，心以为是，人虽不知，神已知之矣。吾之处事，心以为不可，心以为非，人虽不知，神已知之矣。吾心即神，神即祸福，心不可欺，神亦不可欺。《诗》曰："神之格思，不可度思，矧可射思。"释者以谓"吾心以为神之至也"，尚不可得而窥测，况不信其神之在左右，而以厌射之心处之，则亦何所不至哉？

公平正直不可恃

凡人行己公平正直者，可用此以事神，而不可恃此以慢神；可用此以事人，而不可恃此以傲人。虽孔子亦以敬鬼神、事大夫、畏大人为言，况下此者哉！彼有行己不当理者，中有所慊，动辄知畏，犹能避远灾祸，以保其身。至于君子而偶罹于灾祸者，多由自负以召致之耳。

知耻近乎勇

人之处事，能常悔往事之非，常悔前言之失，常悔往年之未有知识，其贤德之进，所谓长日加益，而人不自知也。古人谓行年六十，而知五十九之非者，可不勉哉！

人能忍则不起争端

人能忍事，易以习熟，终至于人以非理相加，不可忍者，亦处之如常。不能忍事，亦易以习熟，终至于睚眦之怨深，不足较者，亦至交詈争讼，期以取胜而后已，不知其所失甚多。人能有定见，不为客气所使，则身心岂不大安宁！

君子有过必改

圣贤犹不能无过，况人非圣贤，安得每事尽善？人有过失，非其父兄，孰肯诲责；非其契爱，孰肯谏谕。泛然相识，不过背后窃讥之耳。

君子唯恐有过，密访人之有言，求谢而思改。小人闻人之有言，则好为强辩，至绝往来，或起争讼者有矣。

正人先正己

勉人为善，谏人为恶，固是美事，先须自省。若我之平昔自不能为，岂惟人不见听，亦反为人所薄。且如己之立朝可称，乃可诲人以立朝之方：己之临政有效，乃可诲人以临政之术；己之才学为人所尊，乃可诲人以进修之要；己之性行为人所重，乃可诲人以操履之详；己能身致富厚，乃可诲人以治家之法；己能处父母之侧而谐和无间，乃可诲人以至孝之行。苟为不然，岂不反为所笑！

凡事不可过分

人有詈人而人不答者，人必有所容也。不可以为人之畏我，而更求以辱之。为之不已，人或起而我应，恐口噤而不能出言矣。人有讼人而人不校者，人必有所处也。不可以为人之畏我，而更求以攻之。为之不已，人或出而我辨，恐理亏而不能逃罪也。

盛怒之下，言语慎重

亲戚故旧，人情厚密之时，不可尽以密私之事语之，恐一旦失欢，则前日所言，皆他人所凭以为争讼之资。至有失欢之时，不可尽以切实之语加之，恐忿气既平之后，或与之通好结亲，则前言可愧。大抵忿怒之际，最不可指其隐讳之事，而暴其父祖之恶。吾之一时怒气所激，必欲指其切实而言之，不知彼之怨恨深入骨髓。古人谓"伤人之言，深于矛戟"是也。俗亦谓"打人莫打膝，道人莫道实"。

与人言语，平心静气

亲戚故旧，因言语而失欢者，未必其言语之伤人，多是颜色辞气暴厉，能激人之怒。且如谏人之短，语虽切直，而能温颜下气，纵不见听，亦未必怒。若平常言语，无伤人处，而词色俱厉，纵不见怒，亦须怀疑。古人谓"怒于室者色于市"，方其有怒，与他人言，必不卑逊。他人不知所自，安得不怪！故盛怒之际与人言语尤当自警。前辈有言："诫酒后语，忌食时嗔，忍难耐事，顺自强人。"常能持此，最得便宜。

对待老人让三分

高年之人，乡曲所当敬者，以其近于亲也。然乡曲有年高而德薄者，谓刑罚不加于己，轻詈辱人，不知愧耻。君子所当优容而不较也。

以才德服人

行高人自重，不必其貌之高；才高人自服，不必其言之高。

人之所欲，应遵礼义

饮食，人之所欲，而不可无也，非理求之，则为饕为馋；男女，人之所欲，而不可无也，非理狎之，则为奸为淫；财物，人之所欲，而不可无也，非理得之，则为盗为贼。人惟纵欲，则争端起而狱讼兴。圣王虑其如此，故制为礼，以节人之饮食、男女；制为义，以限人之取与。

君子于是三者，虽知可欲，而不敢轻形于言，况敢妄萌于心！小人反是。

持家长存忧惧

起家之人，生财富庶，乃日夜忧惧，虑不免于饥寒。破家之子，生事日消，乃轩昂自恣，谓"不复可虑"。所谓"吉人凶其吉，凶人吉其凶"，此其效验，常见于已壮未老，已老未死之前，识者当自默喻。

家富不可懈怠

起家之人，见所作事无不如意，以为智术巧妙如此，不知其命分偶然，志气洋洋，贪取图得。又自以为独能久远，不可破坏，岂不为造物者所窃笑？盖其破坏之人，或已生于其家，日子曰孙，朝夕环立于其侧者，他日为父祖破坏生事之人，恨其父祖目不及见耳。前辈有建第宅，宴工匠于东庑曰："此造宅之人。"宴子弟于西庑曰："此卖宅之人。"后果如其言。近世士大夫有言："目所可见者，漫尔经营；目所不及见者，不须置之谋虑。"此有识君子知非人力所及，其胸中宽泰，与蔽迷之人如何。

持家宜量入为出

起家之人，易为增进成立者，盖服食器用及吉凶百费，规模浅狭，尚循其旧，故日入之数，多于日出，此所以常有余。富家之子，易于倾覆破荡者，盖服食器用及吉凶百费，规模广大，尚循其旧，又分其财产立数门户，则费用增倍于前日。子弟有能省用，速谋损节犹虑不及，况有不之悟者，何以支持乎？古人谓"由俭入奢易，由奢入俭难"，盖谓此尔。大贵人之家尤难于保成。方其致位通显，虽在闲冷，其俸给亦厚，其馈遗亦多，其使令之人满前，皆州郡廪给，其服食器用虽极华侈，而其费不出于家财。逮其身后，无前日之俸给、馈遗使令之人，其日用百费非出家财不可。况又析一家为数家，而用度仍旧，岂不至于破荡？此亦势使之然，为子弟者各宜量节。

节俭宜持之以恒

人有财物，虑为人所窃，则必缄縢扃鐍，封识之甚严。虑费用之无度而致耗散，则必算计较量，支用之甚节。然有甚严而有失者，盖百日之严，无一日之疏，则无失；百日严而一日不严，则一日之失与百日不严同也。有甚节而终至于匮乏者，盖百事节而无一事之费，则不至于匮乏，百事节而一事不节，则一事之费与百事不节同也。所谓百事者，自饮食、衣服、屋宅、园馆、舆马、仆御、器用、玩好，盖非一端。丰俭随其财力，则不谓之费。不量财力而为之，或虽财力可办，而过于侈靡，近于不急，皆妄费也。年少主家事者宜深知之。

凡事有备而无患

中产之家，凡事不可不早虑。有男而为营生，教之生业，皆早虑也。

至于养女，亦当早为储蓄衣衾、妆奁之具，及至遣嫁，乃不费力。若置而不问，但称临时，此有何术？不过临时鬻田庐，及不恤女子之羞见人也。至于家有老人，而送终之具不为素办，亦称临时。亦无他术，亦是临时鬻田庐，及不恤后事之不如仪也。今人有生一女而种杉万根者，待女长，则鬻杉以为嫁资，此其女必不至失时也。有于少壮之年，置寿衣寿器寿茔者，此其人必不至三日五日无衣无棺可敛，三年五年无地可葬也。

子弟当致学

士大夫之子弟，苟无世禄可守，无常产可依，而欲为仰事俯育之资，莫如为儒。其才质之美，能习进士业者，上可以取科第致富贵，次可以开门教授，以受束修之奉。其不能习进士业者，上可以事笔札，代笺简之役，次可以习点读，为童蒙之师。如不能为儒，则医卜、星相、农圃、商贾、使术，凡可以养生而不至于辱先者，皆可为也。子弟之流荡，至于为乞丐、盗窃，此最辱先之甚。然世之不能为儒者，乃不肯为医人、星相、农圃、商贾、伎术等事，而甘心为乞丐、盗窃者，深可诛也。凡强颜于贵人之前而求其所谓应副；折腰于富人之前而托名于假贷；游食于寺观而人指为穿云子，皆乞丐之流也。居官而掩蔽众目，盗财入己，居乡而欺凌愚弱，夺其所有，私贩官中所禁茶、盐、酒、酤之属，皆窃盗之流也。世人有为之而不自愧者，何哉？

受恩必报

今人受人恩惠多不记省，而人所急于人，虽微物亦历历在心，古人言：施人勿念，受施勿忘。诚为难事。

治家篇

【题解】

本篇主要阐述了一些持家兴业的道理。

【原文】

失物不可乱猜疑

家居或有失物，不可不急寻。急寻，则人或投之僻处，可以复收，则无事矣。不急，则转而外出，愈不可见。又不可妄猜疑人，猜疑之当，则人或自疑，恐生他虞；猜疑不当，则正窃者反自得意。况疑心一生，则所疑之人揣其行坐辞色皆若窃物，而实未尝有所窃也。或已形于言，或妄有所执治，而所失之物偶见，或正窃者方获，则悔将何及？

和睦邻居以防不虞

居宅不可无邻家，虑有火烛，无人救应。宅之四围，如无溪流，当为池井，虑有火烛，无水救应。又须平时抚恤邻里有恩义，有士大夫平时多以官势残虐邻里，一日为仇人刃其家，火其屋宅。邻里更相戒曰："若救火，火熄之后，非惟无功，彼更讼我，以为盗取他家财物，则狱讼未知了期。若不救火，不过杖一百而已。"邻居甘受杖而坐视其大厦为灰烬，生生之具无遗。此其平时暴虐之效也。

小儿不可独自外出

市邑小儿，非有壮夫携负，不可令游街巷，虑有诱略之人也。

待客不宜强进酒

亲宾相访，不可多虐以酒。或被酒夜卧，须令人照管。往时括苍有困客以酒，且虑其不告而去，于是卧于空舍而钥其门，酒渴索浆不得，则取花瓶水饮之。次日启关而客死矣。其家讼于官。郡守汪怀忠究其一时舍中所有之物，云"有花瓶，浸旱莲花"。试以旱莲花浸瓶中，取罪当死者试之，验，乃释之。又置水于案而不掩覆，屋有伏蛇遗毒于水，客饮而死者。凡事不可不谨如此。

居家不宜赌博

士大夫之家，有夜间男女群聚而呼卢至于达旦，岂无托故而起者。

试静思之。

孩子宜亲自为养

有子而不自乳，使他人乳之，前辈已言其非矣。况其间求乳母于未产之前者，使不举己子而乳我子，有子方婴孩，使舍之而乳我子，其己子呱呱而泣，至于饿死者。有因仕宦他处，逼勒牙家诱赚良人之妻，使舍其夫与子而乳我子，因挟以归家，使其一家离散，生前不复相见者。

士夫递相庇护，国家法令有不能禁，彼独不畏于天哉？

用人需选忠厚者

干人有管库者，须常谨其簿书，审见其存。干人有管谷米者，须严其簿书，谨其管钥，兼择谨畏之人，使之看守。干人有贷财本兴贩者，须择其淳厚，爱惜家业，方可付托。盖中产之家，日费之计犹难支吾，况受佣于人，其饥寒之计，岂能周足？中人之性，目见可欲，其心必乱，况下愚之人，见酒食声色之美，安得不动其心？向来财不满其意而充其欲，故内则与骨肉同饥寒，外则视所见如不见。今其财物盈溢于目前，若日日严谨，此心姑寝。主者事势稍宽，则亦何惮而不为？其始也，移用甚微，其心以为可偿，犹未经虑。久而主不之觉，则日增焉，月益焉，积而至于一岁，移用已多，其心虽惴惴，无可奈何，则求以掩覆。至二年三年，侵欺已大彰露，不可掩覆。主人欲峻治之，已近噬脐。故凡委托干人，所宜警此。

荒山宜植果木

桑、果、竹、木之属，春时种植甚非难事，十年二十年之间即享其利。今人往往于荒山闲地，任其弃废。至于兄弟析产，或因一根荄之微，忿争失欢。比邻山地偶有竹木在两界之间，则兴讼连年。宁不思使向来天不产此，则将何所争？若以争讼所费，佣工植木，则一二十年之间，所谓材木不可胜用也。其间有以果木逼于邻家，实利有及于其童稚，则怒而伐去之者，尤无所见也。

勿因小事罪邻里

人有小儿，须常戒约，莫令与邻里损折果木之属。人养牛羊，须常看守，莫令与邻里踏践山地六种之属。人养鸡鸭，须常照管，莫令与邻里损啄菜茹六种之属。有产业之家，又须各自勤谨。坟茔山林，欲聚丛长茂荫映，须高其墙围，令人不得逾越。园圃种植菜茹六种及有时果去处，严其篱围，不通人往来，则亦不至临时责怪他人也。

与人交易要公平

贫富无定势，田宅无定主。有钱则买，无钱则卖。买产之家当知此理，不可苦害卖产之人。盖人之卖产，或以缺食，或以负债，或以疾病、死亡、婚嫁、争讼。已有百千之费则鬻百千之产。若买产之家即还其直，虽转手无留，且可以了其出产、欲用之一事。而为富不仁之人，知其欲用之急，则阳距而险钩之，以重扼其价。既成契，则姑还其直之什一二，约以数日而尽偿。至数日而问焉，则辞以来办。又屡问之，或以数缗授之，或以米谷及他物高估而补偿之。出产之家必大窘乏。所得零微，随即耗散。向之所拟以办某事者，不复办矣。而往还取索夫力之费，又居其中。彼富者，方自窃喜，以为善谋。不知天道好还，有及其身而获报者，有不在其身而在其子孙者。富家多不之悟，岂不迷哉！

公益事业要热心

乡人有纠率钱物以造桥、修路及打造渡航者，宜随力助之，不可谓舍财不见获福而不为。且如造路既成，吾之晨出暮归，仆马无疏虞，及乘舆马、过渡桥，而不至惴僳者，皆所获之福也。

朱子家训

《朱子家训》又名《朱子治家格言》，是朱柏庐所作。全书凡424字，通篇都在劝人"勤俭治家"。内容丰富，涉及日常生活中的细枝末节处，是有名的儿童蒙学经典之一。

朱柏庐（1617～1688 年），名用纯，字致一，自号柏庐。江苏昆山人。著有《四书讲义》《缀讲语》《耻躬堂诗文集》《朱子家训》等。

【原文】

黎明即起，洒扫庭除①，要内外整洁。既昏便息②，关锁门户③，必亲自检点。

【注释】

①庭除：庭院。这里指厅堂内外。除：台阶。

②既昏：已经黄昏。

③门户：古代将双扇的叫作门，单扇的叫作户。这里泛指一切门。

【原文】

一粥一饭，当思来处不易①；半丝半缕②，恒念物力维艰。宜未雨而绸缪，毋临渴而掘井。自奉必须俭约，宴客切勿流连。器具质而洁③，瓦缶胜金玉④；饭食约而精，园蔬愈珍馐⑤。勿营华屋，勿谋良田。三姑六婆⑥，实淫盗之媒；婢美妾娇，非闺房之福。童仆勿用俊美，妻妾切忌艳妆。

【注释】

①来处：来路。

②丝：指蚕吐的丝。缕：麻线。

③质：质朴。

④缶：即瓦罐。

⑤珍馐：珍奇美味的食品。

⑥三姑六婆：三姑是指尼姑、道姑、卦姑；六婆是指牙婆（介绍买卖者）、媒婆、师婆（即女巫）、虔婆（元曲上称贼婆为虔婆）、药婆（即卖药为人治病的老媪）、稳婆（接生婆）。

【原文】

祖宗虽远，祭祀不可不诚；子孙虽愚，经书不可不读①。居身务期质朴②，教子要有义方③。莫贪意外之财，莫饮过量之酒。与肩挑贸易，毋占便宜；见穷苦亲邻，须加温恤。刻薄成家，理无久享④，伦常乖舛，立见消亡。兄弟叔侄，须分多润寡；长幼内外，宜法肃辞严。听妇言，乖骨肉，岂是丈夫；重资财，薄父母，不成人子。嫁女择佳婿，毋索重聘；娶媳求淑女⑤，勿计厚奁⑥。

【注释】

①经书：泛指四书五经等儒家经典。

②务期：务必做到。

③义方：为人处世的正道。

④享：享受。

⑤淑女：贤德的女子。

⑥奁：原指女子梳妆用的镜匣，此处指女子随嫁物。

【原文】

见富贵而生谄容①者，最可耻；遇贫穷而作骄态者，贱莫甚。居家戒争讼，讼则终凶；处世戒多言，言多必失。勿恃势力而凌逼孤寡②；毋贪口腹而恣杀牲禽。乖僻自是③，悔误必多；颓惰自甘，家道难成。狎昵恶少，久必受其累；屈志老成，急则可相依。轻听发言，安知非人之谮诉④，当忍耐三思；因事相争，焉知非我之不是，须平心再想。施惠无念，受恩莫忘。凡事当留余地，得意不宜再往。人有喜庆，不可生妒忌心；人有祸患，不可生喜幸心。善欲人见，不是真善；恶恐人知，便是大恶。见色而起淫心，报在妻女；匿怨⑤而用暗箭，祸延子孙。

【注释】

①谄：巴结，讨好。

②孤：失去父亲的孩子。寡：失去丈夫的女子。

③乖僻自是：言行怪异且自以为是。

④谮：中伤，诬陷。

⑤匿怨：对人怀恨在心。

【原文】

家门和顺，虽饔飧①不继，亦有余欢；国课②早完，即囊橐③无余，自得其乐。读书志在圣贤，非徒科第；为官心存君国④，岂计身家。守分安命，顺时听天。为人若此，庶乎⑤近焉。

【注释】

①饔：早饭。飧：晚饭。

②国课：国家的赋税。

③囊橐：口袋。

④君国：君主和国家。

⑤庶乎：差不多。

二十四孝

　　《二十四孝》全名《全相二十四孝诗选集》，为元代郭居敬编录，是古代二十四个孝子行孝的故事集，为中国古代宣扬儒家思想及孝道的通俗读物。

　　郭居敬，生卒年不详，字义祖，元代尤溪人。

孝感动天

【原文】

虞舜①，瞽瞍②之子，性至孝。

父顽，母嚚③，弟象傲。

舜耕于历山，有象为之耕，

鸟为之耘，其孝感如此。

帝尧闻之，事以九男，

妻以二女④，遂以天下让焉。

队队春耕象　　纷纷耘草禽

嗣尧登宝位　　孝感动天心

【注释】

①舜：传说中五帝之一，姓姚，名重华，号有虞氏，史称虞舜。

②瞽瞍（gǔ sǒu）：传说中虞舜之父。

③嚚（yín）：愚蠢且顽固。

④二女：即娥皇和女英，相传是天帝的两个女儿。

戏彩娱亲

【原文】

周老莱子^①，至孝，

奉二亲，极其甘脆。

行年七十，言不称老。

常著^②五色斑斓之衣，

为婴儿戏于亲侧。

又尝取水上堂，诈跌卧地，

作婴儿啼，以娱亲意。

戏舞学娇痴　春风动彩衣

双亲开口笑　喜色满庭闱

【注释】

①老莱子：春秋时期楚国隐士，性至孝。

②著：穿着。

鹿乳奉亲

【原文】

周郯子①，性至孝。

父母年老，俱患双眼②，

思食鹿乳。

剡子乃衣鹿皮，去深山，

入鹿群之中，取鹿乳供亲。

猎者见而欲射之，

郯子具以情告，乃免。

亲老思鹿乳　身挂褐毛衣

若不高声语　山中带箭归

【注释】

①郯（tán）子：春秋时期郯国国王。

②俱患双眼：都患有眼疾。

百里负米

【原文】

周仲由①，字子路，家贫，

常食藜藿②之食，

为亲负米百里之外。

亲殁③，南游于楚，从车百乘，

积粟万钟，累茵而坐，

列鼎而食，乃叹曰：

"虽欲食藜藿，为亲负米，

不可得也。"

负米供旨甘　宁辞百里遥

身荣亲已殁　犹念旧劬劳④

【注释】

①仲由：孔子的弟子，字子路，春秋时期鲁国人。

②藜藿（lí huò）：用野菜做的饭，此处泛指饭菜粗劣。

③殁：去世。

④劬（qú）劳：劳苦，劳累。

啮^①指心痛

【原文】

周曾参^②，字字舆，事母至孝。

参尝采薪山中，

家有客至，母无措，

望参不还，乃啮其指。

参忽心痛，负薪以归，

跪问其故。

母曰："有急客至，

吾啮指以悟汝尔。"

母指才方啮　儿心痛不禁

负薪归未晚　骨肉至情深

【注释】

①啮：咬。

②曾参：孔子的弟子，字子舆，春秋时期鲁国人。

芦衣顺母

【原文】

周闵损①，字子骞，

早丧母。父娶后母。

生二子，衣以棉絮。

妒损，衣以芦花。

父令损御车，体寒，失纼②。

父察知故，欲出后母。

损曰："母在，一子寒。

母去，三子单。"

母闻，悔改。

闵氏有贤郎　何曾怨晚娘

尊前贤母在　三子免风霜

【注释】

①闵损：孔子的弟子，字子骞，春秋时期鲁国人。

②纼（zhèn）：牵引车的大绳子。

亲尝汤药

【原文】

前汉文帝，名恒，

高祖第四子，初封代王。

生母薄太后，帝奉养无怠。

母尝病，三年，

帝目不交睫①，衣不解带，

汤药非口亲尝弗进，

仁孝闻天下。

仁孝临天下　巍巍冠百王

莫庭事贤母　汤药必亲尝

【注释】

①目不交睫：形容夜间不睡觉。

拾葚①供亲

【原文】

汉蔡顺②，少孤，事母至孝。

遭王莽乱，岁荒，不给，

拾桑葚，以异器盛之。

赤眉贼见而问之。

顺曰："黑孝奉母，赤者自食。"

贼悯其孝，以白米二斗，

牛蹄一只与之。

黑葚奉萱闱　啼饥泪满衣

赤眉知孝顺　牛米赠君归

【注释】

①葚：即桑葚，是桑树的成熟果实，味甜多汁，可入药。

②蔡顺：字君仲，东汉汝南安阳（今属河南）人。

埋儿奉母

【原文】

汉郭巨①，家贫。

有子三岁，母尝减食与之。

臣谓妻曰："贫乏不能供母，

子又分母之食，盍埋此子。

儿可再有，母不可复得。"

妻不敢违。

巨遂掘坑三尺余，

忽见黄金一釜，

上云："天赐孝子郭巨，

官不得取，民不得夺。"

郭巨思供给　埋儿愿母存

黄金天所赐　光彩照寒门

【注释】

①郭巨：东汉隆虑（今河南安阳林州）人。

卖身葬父

【原文】

汉董永①，家贫。

父死，卖身贷钱而葬。

及去偿工，途遇一妇，

求为永妻。

俱至主家，

令织缣②三百匹乃回。

一月完成，归至槐阴会所，

遂辞永而去。

葬父贷孔兄　　仙姬陌上逢

织缣偿债主　　孝感动苍穹

【注释】

①董永：相传为东汉时期千乘（今山东博兴县）人，少年丧母。

②织缣：织绢。

刻木事①亲

【原文】

汉丁兰②，幼丧父母，

未得奉养，而思念劬劳之恩，

刻木为像，事之如生。

其妻久而不敬，

以针戏刺其指，血出。

木像见兰，眼中垂泪。

兰问得其性，遂将妻弃③之。

刻木为父母　　形容在日时

寄言诸子侄　　各要孝亲闱

【注释】

①事：服侍。

②丁兰：相传为东汉时期河内（今河南沁阳一带）。

③弃：休弃。

涌泉跃鲤

【原文】

汉姜诗，事母至孝。

妻庞氏，奉姑尤谨。

母性好饮江水，去舍六七里，

妻出汲以奉之。

又嗜鱼脍①，夫妇常作。

又不能独食，召邻母共食。

舍侧忽有涌泉，味如江水，

日跃双鲤，取以供。

舍侧甘泉出　一朝双鲤鱼

子能事其母　妇更孝于姑

【注释】

①鱼脍：生鱼片。

怀橘遗亲

【原文】

后汉陆绩①，年六岁，

于九江见袁术。

术出橘待之，绩怀橘二枚。

及归，拜辞堕②地。

术曰："陆郎作宾客而怀橘乎？"

绩跪答曰："吾母性之所爱，

欲归以遗母。"术大奇之。

孝悌皆天性　　人间六岁儿

袖中怀绿橘　　遗母报乳哺

【注释】

①陆绩：三国时期吴郡吴县（今江苏苏州）人，科学家。

②堕：掉落。

扇枕温衾

【原文】

后汉黄香①，年九岁。

失母，思慕惟切，

乡人称其孝。

躬执勤苦，事父尽孝。

夏天暑热，扇凉其枕簟②。

冬天寒冷，以身暖其被席。

太守刘护，表而异之。

冬月温衾暖　　炎天扇枕凉

儿童知子职　　千古一黄香

【注释】

①黄香：字文强，江夏安陆（今湖北云梦）人，东汉时期官员。

②枕簟：枕席。

行佣供母

【原文】

后汉江革①，少失父，
独与母居。
遭乱，负母逃难，
数遇贼，或欲劫将去。
革辄泣告有老母在，
贼不忍杀。
转客下邳，贫穷裸跣②，
行佣供母。
母便身之物，莫不毕给。

负母逃危难　穷途贼犯频
哀求俱得免　佣力以供亲

【注释】

①江革：字休映，济阳考城（今河南省兰考县）人。
②裸跣：赤脚露体。

闻雷泣墓

【原文】

魏王裒^①，事亲至孝。

母存日，性怕雷。

既卒，殡葬于山林。

每遇风雨，闻阿香响震之声，

即奔至墓所，

拜跪泣告曰："裒在此，

母亲勿惧。"

慈母怕闻雷　冰魂宿夜台

阿香时一震　到墓绕千回

【注释】

　①王裒（póu）：字伟元，魏晋时期营陵（今山东昌乐东南）人。

哭竹生笋

【原文】

> 晋孟宗①，少丧父。
>
> 母老，病笃，冬日思笋煮羹食。
>
> 宗无计可得，乃往竹林中，
>
> 抱竹而泣。
>
> 孝感天地，须臾，
>
> 地裂，出笋数茎。
>
> 持归作羹奉母，食毕②病愈。

> 泪滴朔风寒　　萧萧竹数竿
>
> 须臾冬笋出　　天意报平安

【注释】

①孟宗：字恭武，三国时吴国江夏人。

②食毕：吃完之后。

卧冰求鲤

【原文】

晋王祥①，字休征，早丧母。

继母朱氏，不慈，

父前数谮②之，由是失爱于父。

母尝欲食生鱼，

时天寒冰冻。

祥解衣卧冰求之，

冰忽自解，

双鲤跃出，持归供母。

继母人间有　王祥天下无

至今河水上　一片卧冰模

【注释】

①王祥：字休征，魏晋时期大臣。

②谮：说别人的坏话，中伤。

扼^①虎救父

【原文】

晋杨香^②，年十四岁，

尝随父丰往田获粟，

父为虎曳去。

时香手无寸铁，

惟知有父而不知有身，

踊跃向前，扼持虎颈。

虎亦靡然而逝，

父才得免于害。

深山逢白虎　努力搏腥风

父子俱无恙　脱离馋口中

【注释】

①扼：扼杀，扼住。

②杨香：晋朝人。

恣蚊饱血

【原文】

晋吴猛，年八岁，

事亲至孝。

家贫，榻①无帷帐。

每夏夜，蚊多攒肤②，

恣③渠膏血之饱。

虽多，不驱之，

恐去己而噬其亲之，

爱亲之心至矣。

夏夜无帷帐　蚊多不敢挥

恣渠膏血饱　免使入亲帷

【注释】

①榻：睡觉的地方。

②攒肤：蚊子叮人。

③恣：肆意。

尝粪心忧

【原文】

南齐庚黔娄①，为孱陵令。

到县未旬日，忽心惊汗流，

即弃官归。时父疾始二日，

医曰："欲知瘥②剧，但尝粪苦则佳。"

黔娄尝之甜，心甚忧之。

至夕，稽颡北辰求以身代父死。

到县未旬日　　椿庭遗疾深

愿将身代死　　北望起忧心

【注释】

①庚黔娄：南齐高士，任孱陵县令。

②瘥：病。

乳姑不怠^①

【原文】

唐崔山南^②曾祖母，

长孙夫人，年高无齿。

祖母，唐夫人，

每日栉^③洗，升堂乳其姑。

姑不粒食，数年而康。

一日病，长幼咸集，

乃宣言曰："无以报新妇恩，

愿子孙妇如新妇孝敬足矣。"

孝敬崔家妇　乳姑晨盥梳

此恩无以报　愿得子孙如

【注释】

①怠：松懈，懒惰。

②崔山南：名琯，唐代博陵（今属河北）人，官至山南西道节度使，人称"山南"。

③栉：梳子和篦子的总称，此处代指梳洗。

亲涤溺器

【原文】

宋黄庭坚^①，元佑中为太史，

性至孝，身虽贵显，奉母尽诚。

每夕^②，亲自为母涤溺器，

未尝一刻不供子职。

贵显闻天下　　平生孝事亲

亲自涤溺器　　不用婢妾人

【注释】

①黄庭坚：字鲁直，号山谷道人，北宋著名文学家、书法家。

②夕：傍晚。

弃官寻^①母

【原文】

宋朱寿昌^②，年七岁。

生母刘氏，为嫡母所妒，出嫁。

母子不相见者五十年。

神宗朝，弃官人秦，

与家人诀^③，誓不见母不复还。

后行次同州，得之，

时母年七十余矣。

七岁离生母　参商五十年

一朝相见面　喜气动皇天

【注释】

①寻：寻找。

②朱寿昌：字康叔，扬州天长（今安徽天长）人。

③诀：分别。

名士家训

名士一词，源于魏晋时期，泛指有名的人。此部分选取我国古代一些名士的家训著作，可用以训诫和激励后人。

郑玄①戒子

（东汉）郑　玄

【原文】

　　吾家旧贫，不为父母群弟所容，去厮役之吏，游学周、秦之都，往来幽、并、兖、豫之域②，获觐乎在位通人③、处逸④大儒，得意者咸⑤从捧手，有所受焉。遂博稽《六艺》⑥，粗览传记，时睹秘书⑦纬术之奥。年过四十，乃归供养，假田播殖⑧，以娱朝夕。遇阉尹擅势⑨，坐党禁锢⑩，十有⑪四年，而蒙赦令，举贤良方正有道⑫，辟大将军三司府⑬，公车⑭再召，比牒并名⑮，早为宰相。惟彼数公，懿德大雅⑯，克堪⑰王臣，故宜式序⑱。吾自忖度，无任于此，但念述先圣之元意⑲，思整百家之不齐，亦庶几以竭吾才⑳，故闻命罔㉑从。而黄巾㉒为害，萍浮㉓南北，复归邦乡。入此岁来，已七十矣。宿素㉔衰落，仍有失误，案之礼典，便合㉕传家。今我告尔以老，归尔以事，将闲居以安性，覃思㉖以终业。自非拜国君之命、问族亲之忧、展㉗敬坟墓、观省野物，胡尝㉘扶杖出门乎！家事大小，汝一承之。咨尔茕茕一夫㉙，曾无同生相依㉚。其勖求君子之道㉛，研钻勿替㉜，敬慎威仪㉝，以近有德。显誉成于僚友，德行立于己志。若致声称㉞，亦有荣于所生，可不深念邪！可不深念邪！吾虽无绂冕^㉞之绪，颇有让爵之高。自乐以论赞^㉟之功，庶^㊱不遗后人之羞。末所愤愤者，徒以亡亲坟垄^㊲未成，所好群书率皆腐敝，不得于礼堂写定，传与其人^㊳。日西方暮^㊴，其可图乎！家今差多于昔，勤力务时，无恤^㊵饥寒。菲^㊶饮食，薄衣服，节夫二者，尚令吾寡恨^㊷。若忽忘不识^㊸，亦已焉哉！

【注释】

①郑玄（公元 127～200 年）：字康成，高密人，是汉代经学的集大成者。

②幽：幽州，即今河北北部、辽宁大部分及朝鲜大同江流域。并：并州，约今山西大部和内蒙古、河北的一部。兖：兖州，约今山东省西南部及河南省东部。豫：豫州，约今淮河以北、伏牛山以东豫东、皖北地。

③通人：即学识渊博、博古通今之人。

④处逸：处士隐逸，指有才德但隐居不仕的人。

⑤咸：都。

⑥稽：考核。《六艺》：即"六经"。

⑦秘书：谶纬图篆等书。

⑧假：租赁。殖：种植。

⑨阉尹：宦官。擅势：专权。

⑩坐：指判刑的原因。党禁：旧指禁止列名党籍者出任官职。

⑪有（yòu）：整数与零数之间的数。

⑫贤良方正：汉代选拔统治人才的科目之一。有道：汉代选举科目之一。

⑬辟：征召。三司：太尉、司徒、司空并称"三公"，也叫"三司"。

⑭公车：官署名。

⑮比：连。牒：公文，凭证。并名：齐名。

⑯懿德：美德。大雅：大才。

⑰克：能够。堪：胜任。

⑱式：用。序：顺序，引申为按顺序区分、排列。

⑲述：顺行。元意：本来的意思。

⑳庶几：也许可以。

㉑罔：不。

㉒黄巾：指东汉末年张角领导的农民大起义。

㉓萍浮：比喻人行踪不定。

㉔宿素：平生的志愿。

㉕合：应当。

㉖覃思：深思。

㉗展：察看，检查。

㉘胡尝：何曾。

㉙咨：嗟叹词。茕茕：孤独无依靠的样子。

㉚曾：竟。同生：指一母兄弟。

㉛其：句首语气词，表示祈使语气。勖：勉励。

㉜替：断绝。

㉝威仪：庄严的举止。

㉞若：如果。致：求得。声称：声望。

㉟绂（fú）：系印的丝带。冕：古代帝王、诸侯及卿大夫所带的礼帽。
绪：前人未完成的功业。

㊱论赞：附在史传后面的评语。

㊲庶：幸，希望之词。

㊳垄：坟墓。

㊴其人：指好学者。

㊵日西方暮：太阳偏西，天色已晚。比喻垂暮之年。

㊶恤：忧虑。

㊷菲：微薄。

㊸恨：遗憾。

㊹识（zhì）：记住。

孔融临终嘱诗

（东汉）孔　融

【原文】

　　言多令事败，器漏苦不密①。河溃蚁孔端，山坏由猿冗②。涓涓江汉流，天窗通冥室③。谗邪害公正，浮云翳④白日。靡辞⑤无忠诚，华繁竟不实。人有两三心，安能合为一？三人成市虎⑥，浸渍解⑦胶漆。生存多所虑，长寝万事息。

【注释】

　　①器：容器。密：严密。

　　②冗（rǒng）：逃散。

　　③天窗：屋顶上用以采光或通风的窗户。冥室：暗室。

　　④翳：遮蔽。

　　⑤靡辞：华丽的言辞。

　　⑥三人成市虎：指只要有三个人谎报集市上有老虎，听者就信以为真。比喻说的人多了，就能使大家误以为真。

　　⑦浸渍：浸泡。解：解除。

熟精文选理

（唐）杜 甫

【原文】

　　小子①何时见？高秋②此日生。自从都邑语，已伴老夫名。诗是吾家事，人传世上情。熟精文③选理，休觅彩衣轻④。凋瘵⑤筵初秩，欹斜⑥坐不成。流霞⑦分片片，涓滴⑧就徐倾。

【注释】

　　①小子：这里指幼子宗武。

　　②高秋：深秋。

　　③文选：即《文选》，这里指杜甫自己得益于《文选》，希望儿子也要熟读精研此书。

　　④休觅彩衣轻：这里指不要像古代的老莱子那样，70岁时还要穿着五彩衣服在父母面前嬉戏玩乐。

　　⑤凋瘵（zhài）：衰病。秩：十年为一秩。

　　⑥欹（qī）斜：倾侧，这里指侧着身子斜靠在椅子上。

　　⑦流霞：飘动着的红色云彩，泛指美酒。

　　⑧涓滴：点滴的水。

达者得升堂

(唐）杜 甫

【原文】

　　觅句新知律①，摊书解②满床。试吟青玉案③，莫羡紫罗囊④暇日从时饮，明年共我长⑤。应须饱经术，已似爱文章。十五男儿志，三千弟子⑥行。曾参与游夏⑦，达者⑧得升堂。

【注释】

　　①觅（mì）句：即作诗。知律：懂得作诗的规律。

　　②解：清楚，明白。

　　③青玉案：词调名。这里指古诗佳作。

　　④紫罗囊：紫罗香囊。

　　⑤长：高。

　　⑥三千弟子：孔门弟子三千余人。

　　⑦游夏：子游和子夏。

　　⑧达者：通情事理的人。

人之能为人

（唐）韩 愈

【原文】

木之就①规矩，在梓匠轮舆②。人之能为人，由腹有诗书。诗书勤乃有，不勤腹空虚。欲知学之力，贤愚同一初。由其不能学，所入遂异同③。两家各生子，提孩巧相如④。少长⑤聚嬉戏，不殊同队鱼。年至十二三，头角稍相疏⑥。二十渐乖张⑦，清沟映污渠⑧。三十骨骼成，乃一龙一猪。飞黄腾踏⑨去，不能顾蟾蜍。一为马前卒，鞭背生虫蛆。一为公与相，潭潭⑩府中居。问之何因尔？学与不学欤。金璧⑪虽重宝，费用难贮储。学问藏之身，身在即有馀。君子与小人，不系⑫父母且。不见公与相，起身自犁锄。不见三公后寒饥出无驴。文章岂不贵，经训乃菑畬⑬。潢潦⑭无根源，朝满夕已除。人不通古今，马牛而襟裾⑮。行身陷不义，况望多名誉。

【注释】

①就：按。

②梓匠：木工。轮舆：制造车轮的轮人和制造车厢的舆人。

③所入遂异同：所走的门径各不相同。

④巧相如：一样的聪明灵惠。

⑤少长：年岁稍大。

⑥头角稍相疏：表现出来的样子稍有不同。

⑦乖张：差别大。

⑧清沟映污渠：像清沟与污渠对映那样清楚分明。

⑨飞黄腾踏：比喻突然得志、官位腾达之快。

⑩潭潭：指水深又宽。

⑪金璧：黄金璧玉。

⑫系：关系。

⑬经训：经籍的解说。菑畲（zī yú）：耕耘，开荒。

⑭潢潦：积水池或积水沟。

⑮襟裾：衣服。

知足常乐者

（唐）白居易

【原文】

世欺不识字，我忝攻①文笔。世欺不得官，我忝居班秩②。人老多病苦，我今幸无疾。人老多忧虑，我今婚嫁毕。心安不移转，身泰无牵率③。所以十年来，形神闲且逸。况当垂老岁，所要无他物。一裘暖过冬，一饭饱终日。勿言宅舍小，不过寝一室。何用鞍马④多，不能骑两匹。如我优幸身⑤，人中十有七；如我知足心，人中百无一。傍观愚亦见，当⑥己贤多失。不敢论他人，狂言⑦示诸侄。

【注释】

①忝（tiǎn）：自谦之词，有愧于。攻：从事于。

②班秩：官位的品级。

③泰：平安。牵率：牵挂。

④鞍马：马鞍。

⑥优幸身：健康的身体。

⑥当：遇到。

⑦狂言：自谦之词。

史书之意

（北宋）苏　轼

【原文】

独立不惧者①，惟司马君实②与叔兄弟耳。万事委命③，直道而行④，纵以此窜逐，所获多矣。因风⑤寄书，此外勤学自爱。近年史学凋废⑥，去岁作试官⑦，问史传中事，无一两人详者。可读史书，为益不少也。

【注释】

①独立不惧者：这里指自己坚持对王安石变法的看法而无所畏惧。

②司马君实：司马光，字君实。

③万事委命：万事要看天意。

④直道而行：坚持正道而行之。

⑤风：这里指要微言劝告。

⑧凋废：无人过问。

⑦试官：主持科举考试的官员。

多读书史有家法

（北宋）苏 轼

【原文】

侄孙①近来为学何如，恐不免趋时，然亦须多读书史，务令文字华实相副②，期于实用乃佳。勿令得一第③后，所学便为弃物④也。海外⑤亦粗有书籍，六郎⑥亦不废学，虽不解对义⑦，然作文极峻壮⑧，有家法⑨。二郎、五郎见说亦长进⑩，曾见他文字否？侄孙宜熟先后汉史及韩柳文。有便寄旧文一两首⑪来，慰海外老人⑫意也。

【注释】

①侄孙：即族孙苏元老。苏元老小时父母皆亡，在叔祖苏轼的教诲下，擅长于《春秋》，后举进士，历太常少卿。

②华实相副：副，即"符"。文采和实际内容相符合。

③得一第：得一科名。

④弃物：没有用的东西。

⑤海外：苏轼62岁时，被贬儋州，即今的海南省。于是，苏轼在信中会称此处为"海外"。

⑥六郎：指苏轼的小儿子苏过。在苏轼的三个孩子中，苏过的文学成就最高，著有《斜川集》。

⑦不解对义：不会写对策的文章。

⑧峻壮：峻峭雄壮的样子。

⑨有家法：有家传的法度。

⑩二郎：指苏轼的长子苏迈。五郎：指苏轼的次子苏迨。见说：听说。

⑪一两首：一二篇。

⑫海外老人：苏轼被贬时曾自称"海外老人"。

家　戒

（北宋）黄庭坚

【原文】

　　庭坚自丱角①读书，及有知识，迄今四十年。时态②历观，谛见润屋封君③、巨姓豪右④、衣冠世族⑤，金珠满堂。不数年问，复过之，特见废田不耕，空囷⑥不给。又数年复见之，有缧绁于公庭者⑦，有荷担⑧而倦于行路者。问之曰：君家曩时蕃衍盛大⑨，何贫贱如是之速耶？有应于予曰：嗟乎！吾高祖起自忧勤⑩，慝类⑪数，叔兄慈惠⑫，弟侄恭顺⑬。为人子者告其母曰：无以小财为争，无以小事为仇，使我兄叔之和也。为人夫者告其妻曰：无以猜忌为心，无以有无为怀。使我弟侄之和也。于是共厄⑭而食，共堂而燕⑮，共库而泉⑯，共廪而粟⑰。寒而衣，其幣⑱同也；出而游，其车同也。下奉以义，上谦以仁，众母如一母，众儿如一儿，无尔我之辨，无多寡之嫌，无私贪之欲，无横费⑲之财，仓箱共目而敛⑳之，金帛共力而收之，故官私皆治，富贵两崇㉑。逮其子孙蓄息㉒，妯娌㉓众多，内言㉔多忌，人我意殊㉕，礼义消衰，诗书罕闻，人面狼心，星分瓜剖㉖，处私室则包羞㉗自食，遇识者则强目同宗，父无争子㉘而陷于不义，夫无贤妇而陷于不仁，所志^㉙者小而所失者大……庭坚闻而泣曰：家之不齐遂至如是之甚，可志此以为吾族之鉴^㉚，因为常语以劝焉，吾子其听否？昔先献以子弟喻芝兰玉树生于阶庭者^㉛，欲其质^㉜之美也；又谓之龙驹鸿鹄^㉝者，欲其才之俊也。质既美矣，光耀我族，才既俊矣，荣显我家，岂有偷取自安而忘家族之庇乎？汉有兄弟焉，将别也，庭木^㉞为之枯；将合也，庭木为之荣。则人心之所叶^㉟者，神灵之所祐也。晋有叔侄焉，无间^㊱者为南阮之富，好异者为北阮之贫，则人意之所和者，阴阳之所赞也。大唐之间，义族尤盛张氏，九世同居，至天子访焉，赐帛以为庆。高氏七世不分，朝廷嘉之，以族闾为表^㊲……虽然皆古人陈迹而已，吾子不可谓今世无其人。鄂人咸宁有陈子高者。有腴田五千，其兄田止一千，子高爱其兄之贤，愿合户而同之。人日以五千膏腴就贫兄，不亦卑乎？子高曰：我一房尔，何用五千？人生饱暖之外，骨肉交欢而已。其后兄子登第，仕至太中大夫^㊳，举家受荫。人始曰子高心地吉，乃预知兄弟之荣也。然此亦人之所易为也。吾子欲知其难者，愿悉以告。昔邓攸遭危厄^㊴之时，负其子侄而逃之，度^㊵不两全，则托子于人而宁抱其侄也。李充^㊶在贫困之际，昆季^㊷无资，其妻求异^㊸，遂弃其妻，曰："无伤我同胞之恩。"人之遭贫遇害尚能为此，况处富盛乎？然此予闻见之远者……又当告以耳目之尤近者。吾族居双井四世矣，未闻公家之追负^㊹、私用之不给，泉粟盈储^㊺，金朱继荣，大抵礼义之所积，无分异之费也。其后妇言是听，人心不坚，无胜己之交^㊻，信小人之党^㊼，骨肉不顾，酒藏^㊽是从，乃至苟营自私，偷取目前之逸^㊾，恣纵^㊿口体而忘远大之计，居湖坊者不二世而绝，居东阳者不二世而贫……吾子力道问学^[51]，执书册以见古人之遗训，观时利害^[52]，无待^[53]老夫之言矣，于古人气概风味，岂特胡髭髯^[54]耶？愿以吾言敫^㊻而告之，吾族敦睦^㊺当自吾子起。若夫子孙荣昌世继^㊼无穷之美，吾言岂小补哉！志之日《家戒》。

【注释】

①卝（guàn）角：即角卝。儿童束发后成两角的样子。

②时态：时局态势。

③谛见：仔细审视。润屋：屋子华丽。封君：领受封邑的贵族。

④巨姓：大姓。豪右：豪强。

⑤衣冠：上大夫，官绅。世族：世代显贵的家族。

⑥囷：粮仓。

⑦缧绁（léi xiè）：系犯人的绳子，这里指牢狱之灾。公庭：衙门。

⑧荷担：扛着担子。

⑨曩（nǎng）时：从前。蕃衍：蕃盛众多。

⑩忧勤：忧愁勤劳。

⑪噍（jiào）类：活着的人。

⑫慈惠：慈爱惠达。

⑬恭顺：谦恭和顺。

⑭卮（zhī）：盛酒的器皿。

⑮燕：宴饮。

⑯库：这里指金库。泉：这里指钱币。

⑰廪：粮仓。粟：粮食。

⑱币：泛指礼物。

⑲横费：肆意挥霍。

⑳敛：收敛。

㉑崇：增长。

㉒蓄息：繁殖增多。

㉓妯娌：兄弟妻子的合称。

㉔内言：妇女在闺房所说的话。

㉕意殊：意见不同。

㉖瓜剖：分割。

㉗包羞：承受羞辱。

㉘争子：争即诤。即能规谏父母的儿子。

㉙志：得到。

㉚鉴：借鉴。

㉛芝兰玉树：比喻优秀的子弟。

㉜质：性格。

㉝龙驹：骏马。鸿鹄：即天鹅。

㉞庭木：堂前之木。

㉟叶（xié）：通"协"。

㊱无间：亲密没有缝隙。

㊲闾：古代以二十五家为闾，后泛指乡里乡亲。表：仪表。

㊳太中大夫：官名。宋代为散官，从四品。

㊴危厄：危险困难。

㊵度：揣测。

㊶李充：字仲实，宋哲宗元祐年间进士。

㊷昆季：兄弟。长者为昆，幼者为季。

㊸异：分开。

㊹追负：追索亏欠。

㊺泉：古代钱币的总称。盈储：堆满了仓库。

㊻无胜己之交：所交的朋友还不如自己呢。

㊼党：同伙。

㊽胾（zì）：大块的肉。

㊾逸：安逸。

㊿恣纵：放任不羁。

(51)问学：请问学业。

(52)观时利害：观察时局的利益与害处。

(53)无待：不用等待。

(54)髣髴（fǎng fú）：好像。

(55)敷（fū）：扩展。

(56)敦睦：亲厚和睦。

(57)世继：世代相承。

绝知此事要躬行

（南宋）陆　游

【原文】

古人学问无遗力，少壮工夫老始成。纸上得来①终觉浅，绝知此事要躬行。圣师②虽远有遗经，万世犹传旧典刑③。白首自怜心未死，夜窗风雪一灯青。

读书万卷不谋食，脱粟在傍书在前。要识从来会心④处，曲肱⑤饮水亦欣然。世间万事有乘除⑥，自笑羸⑦然七十馀。布被藜羹⑧缘未尽，闭门更读数年书。

【注释】

①纸上得来：从书本上得来的。

②圣师：这里指孔子。

③典刑：刑，通型。典型。

④会心：领会圣贤的道理。

⑤曲肱（gōng）：曲着手臂。

⑥有乘除：有增减盛衰。

⑦羸（léi）：羸弱，瘦弱。

⑧藜（lí）羹：藜：草名，初长时可吃。藜羹：这里指粗劣的食物。

勤 谨

（南宋）朱 熹

【原文】

早晚受业请益，随众例不得怠慢。日间思索，有疑用册子随手札记，候见质问，不得放过。所闻诲语，归安下处①，思省切要之言，逐日札记，归日要看。见好文字，录取归来。

不得自擅出入，与人往还。初到问先生，有合见者见之，不合见则不必往。人来相见，亦启禀然后往报之。此外不得出入一步。居处须是居敬②，不得倨肆③惰慢。言语须要谛当，不得戏笑喧哗。凡事谦恭，不得尚气凌人，自取耻辱。

不得饮酒荒思废业④。亦恐言语差错，失己忤人，尤当深戒。不可言人过恶，及说人家长短是非。有来告者，亦勿酬答。于先生之前，尤不可说同学之短。

交游之间，尤当审择。虽是同学，亦不可无亲疏之辨。此皆当请于先生，听其所教。大凡敦厚忠信，能攻吾过者，益友也；其谄谀轻薄，傲慢亵狎⑤，导人为恶者，损友也。推此求之，亦自合见得五七分。更问以审之，百无所失矣。但恐志趣卑凡⑥，不能克己从善，则益者不期⑦疏而日远，损者不期近而日亲，此须痛加检点⑧而矫革之，不可苴苒⑨渐习，自趋小人之域。如此，则虽有贤师长，亦无救拔自家处矣。

见人嘉言善行⑩，则敬慕而纪录之。见人好文字胜己者，则借来熟看，或传录之而咨问之，思与之齐而后已（不拘长少，惟善是取）。

以上数条，切宜谨守，其所未及，亦可据此推广。大抵只是"勤谨"二字，循之而上，有无限好事，吾虽未敢言，而窃为汝愿之；反之而下，有无限不好事，吾虽不欲言，而未免为汝忧之也。盖汝若好学，在家足可读书作文，讲明义理，不待远离膝下，千里从师。汝既不能如此，即是自不好学，已无可望之理。然今遣汝者，恐汝在家汩于俗务⑪，不得专意；又父子之间，不欲昼夜督责；及无朋友闻见，故令汝一行。汝若到彼，能奋然勇为，力改故习，一味勤谨，则吾犹有望；不然，则徒劳费。只与在家一般，他日归来，又只是旧时伎俩人物，不知汝将何面目归见父母亲戚乡党故旧耶？念之！念之！"夙兴夜昧⑫，无忝尔所生！"在此一行，千万努力！

【注释】

①归安下处：回到自己的住处。

②居敬：恭敬的样子。

③倨（jù）肆：放肆。

④荒思废业：思想荒乱，废弃学业。

⑤亵狎：亲近宠幸。

⑥卑凡：卑下平庸。

⑦不期：不期而然。

⑧检点：整饬。矫革：纠正。

⑨荏苒：指时间推移，消逝。

⑩嘉言善行：善言美行。

⑪汩于俗务：被俗事淹没。

⑫夙兴夜寐：晚睡早起。

事无大小亲躬为

（南宋）吕祖谦

【原文】

温公①幼时患记问不若人，群居讲习，众兄弟既成诵游息矣，独下帷绝编②，迨能背讽乃止③。用力多者，其所诵乃终身不忘矣。

发人私书，拆人信物，深为不德。甚者遂至结为仇怨。余得人所附④书物，虽至亲卑幼者，未尝辄⑤留，必为附至。及人托于某处问迅干求⑥，若事非顺理，而己之力不及者，则可至诚而却之；若己诺之矣，则必须达所欲言，至于听与不听，则在其人。凡与宾客对坐，及往人家，见人得亲戚书，切不可往观及注目偷视。若屈膝并坐，目力可及，则敛身而退，候其收书，方复进以续前话。若其人置书几上，亦不可取观，须俟其人云："足下可观"，方可一看。若书中说事无大小，以至戏谑之语，皆不可于他处复说。

凡借人书册器用，苟得己者，则不须借，若不获已，则须爱护过于己物。看用才毕，即便归还，切不可以借为名，意在没纳，及不加爱惜，至有损坏。大率豪气⑦者于己物多不顾惜，借人物岂可亦如此？此非用豪气之所，乃无德之一端⑧也。

凡与人同坐，夏则已择凉处，冬则已择暖处；及与人共食，多取先取，皆无德之一端也。

文正范公⑨子纯仁娶妇将归，传闻以罗为帷幔者⑩，公闻之不悦，曰："罗绮岂帷幔之物耶？吾家素清俭，安⑪得乱吾家法？持至吾家，当火于庭。"

韩公⑫为陕西招讨时，尹师鲁与夏英公不相与⑬。师鲁于公处即论英公事，英公于公处亦论师鲁，公皆纳之，不形于言，遂无事。不然不静矣。

【注释】

①温公：指司马光。司马光死后，追封为温国公。

②下帷绝编：到住所后不停地反复翻阅书本。

③迨：等到。讽：诵读。

④附：捎。

⑤辄：就。

⑥问迅：迅，通讯。即问讯。干求：求取。

⑦大率：大概。豪气：气魄冲天。

⑧端：一个方面。

⑨文正范公：指范仲淹。范仲淹，谥"文正"。

⑩罗：质地稀疏的丝织品。帷幔：帷幕。

⑪安：哪里。

⑫韩公：指韩琦。仁宗时，韩琦曾任陕西经略招讨使，与范仲淹联合率兵抵御西夏。

⑬尹师鲁：指尹洙。尹洙，字师鲁。夏英公：指夏竦。夏竦，曾封英国公。

立志说

（明）王阳明

【原文】

　　近闻尔曹学业有进，有司①考校，获居前列，吾闻之喜而不寐。此是家门好消息。继吾书香者，在尔辈矣。勉之，勉之！吾非徒望尔辈但取青紫②，荣身肥家，如世俗所尚，以夸市井小儿。尔辈须以仁礼存心，以孝弟③为本，以圣贤自期。务在光前裕后，斯④可矣。吾维幼而失学无行，无师友之助，迨今中年，未有所成，尔辈当鉴吾既往，及时勉力，毋又自贻⑤他日之悔，如吾今日也。习俗移人，如油渍⑥面，虽贤者不免；况尔曹初学小子，能无溺⑦乎？然惟痛惩深创，乃为善变，昔人云："脱去凡近，以游高明。"此言良足以警，小子识之！吾尝有《立志说》与尔十叔，尔辈可从抄录一通，置之几⑧间，时一省览，亦足以发。方虽传于庸医，药可疗夫真病，尔曹勿谓尔伯父只寻常人尔，其言未必足法；又勿谓其言虽似有理，亦只是一场迂阔之谈，非我辈急务。苟如是，吾未如之何矣！读书讲学，此最吾所宿好⑨。今虽干戈扰攘⑩中，四方有来学者，吾亦未尝拒之。所恨牢落尘网，未能脱身而归。今幸盗贼稍平，以塞责求退，归卧林间，携尔曹朝夕切磋砥砺⑪，吾何乐如之！偶便，先示尔等，尔等勉焉，毋虚吾望。

【注释】

①有司：各有专司，旧指官吏。

②青紫：本义为古时公卿的服饰，此处指高官显爵。

③孝弟：即孝悌。指孝顺父母，友爱兄弟。

④斯：这。

⑤贻：遗留。

⑥渍：油渍等粘在上面不好除去。

⑦溺：沉迷不悟。

⑧几：茶几，小桌子。

⑨宿好：一向就有的爱好。

⑩干戈扰攘：战争纷起，动荡不安的社会。

⑪切磋砥砺：比喻相互间的研讨，取长补短。

立志之始，在脱习气

（明）王夫之

【原文】

立志之始，在脱习气。习气薰人，不醪①而醉。其始无端，其终无谓。袖中挥拳。针尖竞利，狂在须臾，九牛莫制。岂有丈夫，忍以身试！彼可怜悯，我实惭愧。前有千古，后有百世。广延九州，旁及四裔②。何所羁络，何所拘执？焉有骐驹③，随行逐队？无尽之财，岂吾之积。日前之人。皆吾之治。特不屑耳。岂为吾累。潇洒安康，天君无系。亭亭鼎鼎④，风光月霁⑤。以之读书，得古人意；以之立身，踞豪杰地；以之事亲⑥，所养惟志；以之交友，所合惟义。惟其超越，是以和易。光芒烛天，芳菲匝⑦地。深潭映碧，春山凝翠。寿考⑧维祺田，念之不昧。

【注释】

①醪：浊酒，醇酒。

②四裔：四方极远之地。

③骐驹：骏马，这里指志在千里的人。

④亭亭鼎鼎：高洁得体的样子。

⑤霁：雨后或雪后转晴。

⑥事亲：侍奉父母。

⑦匝（zā）地：遍地。

⑧寿考：年高，长寿。维祺：维持吉祥。

和睦之道

（明）王夫之

【原文】

　　和睦之道，勿以言语之失，礼节之失，心生芥蒂①。如有不是，何妨面责，慎勿藏之于心，以积怨恨。天下甚大，天下人甚多，富似我者，贫似我者，强似我者，弱似我者，千千万万。尚然弱者不可妒忌强者，强者不可欺凌弱者，何况自己骨肉。有贫弱者，当生怜念，扶助安生；有富强者，当生欢喜心，吾家幸有此人撑持门户。譬如一人左眼生翳②，右眼光明，右眼岂欺左眼，以皮屑投其中乎？又如一人右手便利，左手风痹，左手岂妒忌右手，愿其同瘫痪乎？

【注释】

　　①芥蒂：比喻心里有嫌隙或不快。

　　②翳（yì）：遮蔽，因眼疾引起的视觉障碍。

出淤泥不染

（明）王夫之

【原文】

传家一卷书，惟在汝立志。凤飞九千仞①，燕雀独相视。不饮酸臭浆，闲看旁人醉。识字识得真，俗气自远避。人字两撇捺，原与禽字异。潇洒不沾泥，便与天无二。

【注释】

①仞（rèn）：古时八尺或七尺称为一仞。

魏禧谕子

（清）魏　禧

【原文】

　　吾兄弟少好口语，舌锋铦利①，颇以此贾②怨谤。然未尝敢行一害人事，欺诈人财，败众以成私也。汝资性略聪明，能晓事。夫聪明当用于正，亲师取友，并归一路，则为圣贤，为豪杰，事半而功倍。若用于不正，则适足以长傲、饰非、助恶，归于杀身而败名。不然，即用于无益事。小若了了，稍长，锋颖消亡，一事无成，终归废物而已。吾以家贫负石田③出游，自念老矣，欲为汝营婚娶，不以债负相遗。不能家居教汝，又去吾庐叔父远，少督责。汝母妇人，多姑息之爱。吾以此耿耿于心也。

　　吾先代来称素封者八代，至征君家声益大。吾兄弟以文学为当路所礼，又肯出气力为人，故门第虽小，在僻邑中尝若气焰，族里姻友于汝兄弟辈多礼貌，优容其失。汝勿以此为得意。夫吾何德何能于姻族，而姻族乃折节包荒④若此？吾惧乎有失而背督之者相倍蓰⑤也。吾幼补诸生⑥，长而有闻，今碌碌若此。汝辈不逮⑦吾，不知几寻丈，敢长傲乎？孔子曰："后生可畏，焉知来者之不如今也。四十、五十而无闻焉，斯亦不足畏也已。"吾手所提抱人，今为祖父者，不知凡几。汝童而长，壮而老，直旦暮问事。吾家五世无六十上人，他日思吾言始知之。父母爱子均然，妇人尤望其子之孝顺，汝事母大小节宜加意。

【注释】

①铦（xiān）利：锋利。

②贾：招致，招引。

③石田：普通石头做的砚台。

④折节：强迫自己克制。包荒：包容、容忍。

⑤倍蓰（xǐ）：古时泛指几倍。

⑥诸生：明清时经各级考试录入府、州、县的学生，称生员。生员有增生、附生、廪生、例生等名目，常将其统称为诸生。

⑦不逮：不及，比不上。

唯读书可养心

（清）张 英

【原文】

圣贤领要之语曰，人心惟危，道心惟微①。危者，嗜欲之心，如堤之束水，其溃甚易，一溃则不复收也。微者，理义之心，如帷之映灯，若隐若现，见之难而晦②之易也。人心至灵至动，不可过劳，亦不可过逸，唯读书可以养之。每见堪舆家③，平日用磁石养针，书卷乃养心第一妙物。闲适无事之人，镇日④不观书，则起居出入，身心无所栖泊耳。目无所安顿，势必心意颠倒，妄想生嗔，处逆境不乐，处顺境亦不乐。每见人栖栖皇皇⑤，觉举动无不碍者，此必不读书人也。古人有言，扫地焚香，清福已具。且有福者，佐以读书，其无福者，便生他想。旨哉斯言，予所深赏。且从来拂意之事，自不读书者见之，似为我所独遭，极其难堪。不知古人拂意之事，有百倍于此者，特不细心体验耳。即如东坡先生殁后遭逢高孝⑥，文字始出，名震千古。而当时之忧谗⑦畏讥，困顿转徙潮惠⑧之间，苏过跣足⑨涉水，居近牛栏，是何如境界。又如白香山之无嗣⑩，陆放翁⑪之忍饥，皆载在书卷。彼独非千载闻人，而所遇皆如此，诚一平心静观，则人间拂意之事，可以涣然冰释。若不读书，则但见我所遭甚苦，而无穷怨尤^⑫嗔忿之心，烧灼不宁，其若为何如耶。且富盛之事，古亦有之，炙手可热，转眼皆空。故读书可以增长道心，为颐养一事也。记诵纂集，期以争长应世则多苦，若涉览则何至劳心疲神，但当冷眼于闲中窥破古人筋节^⑬处耳。予于白、陆诗，皆细注其年月，知彼于何年引退，其衰健之迹皆可指，斯不梦梦^⑭耳。

【注释】

①人心惟危，道心惟微：一个人坏习惯很容易养成，而良好的品德却不容易培养起来。

②晦：昏暗。

③堪舆家：旧时指风水先生。

④镇日："镇"为通假字，意为整天。

⑤栖栖皇皇：惊慌而烦恼。

⑥东坡：指宋代思想家、诗人苏轼；殁（mò）后：死后；高孝：指南宋高宗赵构。赵构死后被谥为圣神武文宪孝皇帝，庙号高宗，故习称"高孝"。赵构称苏轼的文章为文章之宗。

⑦谗（chán）：在别人面前说某人的坏话。

⑧转徙：来回迁移。潮惠：苏轼曾被贬惠州，迁儋耳。

⑨苏过：苏东坡的幼子。跣（xiǎn）足：光着脚。

⑩白香山：指唐代诗人白居易。无嗣：指没有后代。

⑪陆放翁：即南宋伟大爱国诗人陆游。陆游，字务观，号放翁。

⑫怨尤：怨恨。

⑬筋节：比喻文章或言辞重要而有力的转折承接处。

⑭梦梦：昏乱。

修心之养

（清）张　英

【原文】

圣贤仙佛，皆无不乐之理；彼世之终身忧戚，忽忽不乐者，决然无道气①无意趣之人。孔子曰："乐在其中"，颜子②不改其乐。孟子以不愧不作为乐③，《论语》④开首说悦乐，《中庸》⑤言无人而不自得，程朱教尊孔颜⑥乐处，皆是此意。若庸人多求多欲，不循理，不安命。多求而不得皆苦，多欲而不遂则苦，不循理则行多窒碍⑦而苦，不安命则意多怨望而苦，是蹋天踏地⑧，行险侥幸，如衣敝絮⑨行荆棘中，安知有康衢⑩坦途之乐？唯圣贤仙佛无世俗数者之病，是以常全乐体。香山字乐天，予窃慕之，因号日乐圃。圣贤仙佛之乐，予何敢望，窃欲营履道一邱一壑⑪、仿白傅⑫之有叟在中，白须飘然、妻孥熙熙⑬，鸡犬闲闲⑭之乐云耳。

【注释】

①无道气：超凡脱俗的气质。

②颜子：即颜回。

③不愧不作为乐：不为因为愉快欢乐而惭愧。

④《论语》：古代书名。记录了孔子及其学生的言行。

⑤《中庸》：古代书名。

⑥程朱：指宋代理学家程颢、程颐和朱熹。孔颜：指孔子和他的弟子颜回。

⑦窒碍：有阻碍。

⑧蹑天踏地：形容小心谨慎、恐惧的样子。

⑨敝絮：破烂的棉絮。

⑩康衢（qú）：四通八达的大路，康庄大道。

⑪履道：遵行正道。一邱一壑：比喻官吏退隐。

⑫白傅：指唐代诗人白居易。因他曾被封为太子少傅，所以习称"白傅"。

⑬妻孥熙熙：妻子和儿女来往密切。

⑭闲闲：从容自得。

习诗文之道

（清）张　英

【原文】

唐诗如缎如锦，质厚而体重，文丽而丝密，温醇尔雅①，朝堂②之所服也。宋诗如纱如葛，轻疏纤朗③，便娟适体④，田野⑤之所服也。中年作诗，断当宗唐律。若老年吟咏适意，阑入⑥于宋，势所必至。立意学宋，将来益流而不可返矣。五律断无胜于唐人者，如王孟⑦五言两句，便成一幅画。今诗作五字，其写难言之景，尽难状之情，高妙自然，起结超远，能如唐人否？苏诗⑧五律不多见，陆诗⑨五律太率，非其所长。参唐宋人气味⑩，当于五律见之。

【注释】

①温醇尔雅：形容诗歌温和文雅。

②朝堂：古时百官早朝治事之所。

③轻疏纤朗：形容诗歌简洁明快。

④便娟适体：轻巧美丽恰到好处。

⑤田野：喻指乡村、民间。

⑥阑入：掺杂进去。

⑦王：指唐代诗人王维。孟：指唐代诗人孟浩然。

⑧苏诗：宋代诗人苏轼的诗。

⑨陆诗：宋代诗人陆游的诗。

⑩气味：性格和志趣。

乐者四备

（清）张　英

【原文】

予尝言享山林之乐者，必具四者，而后能长享其乐，实有其乐，是以古今来不易见也。四者维何？曰道德、曰文章、曰经济、曰福命。所谓道德者，性情不乖戾，不忮刻①，不褊狭，不暴躁，不移情于纷华②，不生嗔于冷暖。居家则肃雍简静，足以见信于妻孥③；居乡则厚重谦和，足以取重于邻里；居身则恬淡寡营，足以不愧于衾影④。无怍⑤于人，无羡于世，无争于人，无憾于己，然后天地容其隐逸，鬼神许其安享，无心意颠倒之病，无取舍转徙之烦，此非道德而何哉？佳山胜水，茂林修竹，全恃我之情性识见取之。不然，一见而悦，数见而厌心生矣。或吟咏古人之篇章，或抒写性灵之所见，一字一句可千秋。……淡泊而可免饥寒，徒步而不致委顿。良辰美景，而匏樽⑥不空；岁时伏腊，而鸡豚可办。……从来爱闲之人类不得闲，得闲之人类不爱闲。公卿将相，时至则为之，独是山林清福，为造物之所深吝。试观宇庙间，几人解脱？书卷之中，亦不多得。置身在穷达毁誉之外，名利之所不能奔走，世味之所不能缚束。室有莱妻，而无交谪之言；田有伏腊，而无乞米之苦，白香山⑦所谓事了心了，此非福命而何哉？四者有一不具，不足以享山林清福。故举世聪明才智之士，非无一知半见；略知山林趣味，而究竟不能身入其中，职此之故也。

【注释】

①忮刻：嫉妒、刻薄。

②纷华：繁华、富丽。

③孥（nú）：指儿女。

④衾（qīn）影：在私生活中无丧德败行之事。

⑤无怍（zuò）：无愧。

⑥匏（páo）樽：葫芦作的酒樽，泛指古时饮器。

⑦白香山：指唐代诗人白居易。

四语训子

（清）张　英

【原文】

予之立训，更无多言，止①有四语：读书者不贱，守田者不饥，积德者不倾，择交者不败。尝将四语律身训子，亦不用烦言夥说②矣。虽至寒苦之人，但能读书为文，必使人钦敬，不敢忽视，其人德性，亦必温和，行事决不颠倒，不在功名之得失，遇合③之迟速也。守田之法，详于《恒产琐言》④。积德之说，《六经》⑤、《语》⑥、《孟》⑦，诸史百家，无非阐发此议，不须赘说。择交之说，予目击身历，最为深切。此辈毒人，如鸩之入口，蛇之螫⑧肤，断断不易，决无解救之说，尤四者之纲领也。余言无奇，正布帛⑨菽粟，可衣可食，但在体验亲切耳。

【注释】

①止：通假字，同"只"。

②夥（huǒ）说：多说。

③遇合：相遇而彼此志趣投合。

④《恒产琐言》：为张英所撰的另一部家训著作，以经营家产，保守

祖业为主要内容。

⑤《六经》：即儒家经典《诗》《书》《礼》《易》《春秋》和《乐经》的合称。

⑥《语》：即《论语》，记录孔子及其弟子的言行。

⑦《孟》：即《孟子》，儒家经典之一。战国时孟子及其弟子万章等著。

⑧螫（shì）：刺，毒害。

⑨帛：一种丝织品的名称。

字如其人

（清）张 英

【原文】

楷书如坐如立，行书如行，草书如奔。人之形貌虽不同，然未有倾斜跛侧为佳者。故作楷书，以端庄严肃为尚，然须去矜束拘延之态，而有雍容和愉之象，斯晋书之所独擅也。分行布白，取乎匀净，然亦以自然为妙。《乐毅论》①如端人雅士，《黄庭经》②如碧落仙人，《东方朔像赞》③如古贤前哲，《曹娥碑》④有孝女婉顺之容，《洛神赋》⑤有淑姿纤丽之态，盖各像其文，以为体要，有骨有肉。一行之间，自相顾盼，如树木之枝叶扶疏，而彼此相让；如流水之沦漪杂见，而先后相承。未有偏斜倾侧，各不相顾，绝无神采步伍，连络膜带。而可称佳书者，细玩《兰亭》⑥，委蛇生动，千古如新。董文敏⑦书，大小疏密，于寻行数墨之际，最有趣致。学者当于此参之。

【注释】

①《乐毅论》：著名小楷法帖。为魏人夏侯玄创作，晋朝王羲之书写，唐朝褚遂良评为"笔势精妙，备尽楷则"。

②《黄庭经》：著名小楷法帖，相传为晋朝王羲之所书，一说为南朝宋齐人所作。

③《东方朔像赞》：即《东方朔画赞》，小楷法帖，王羲之书。

④《曹娥碑》：现通行的小楷本，书法古淡秀润。后题书于东晋升平二年（公元 358 年），未署书者姓名。

⑤《洛神赋》：王献之小楷法帖，真迹传至南宋时仅存其中十三行，因此历来称此帖为《十三行》，字迹秀劲开朗，顾盼生姿。

⑥《兰亭》：即《兰亭序》，为晋朝王羲之所书。

⑦董文敏：即明代书画家董其昌。董其昌，卒谥文敏。其书法初学颜真卿，后改学虞世南，又觉唐书不如魏晋，转学钟繇、王羲之，自谓于率易中得秀色，对后世书法发展影响很大。

学字当专一

（清）张　英

【原文】

学字当专一，择古人佳帖，或时人墨迹，与己笔路相近者，专心学之。若朝更夕改，见异而迁，鲜有得成者。楷书如端坐，须庄严宽裕，而神采自然掩映。若体格不匀净，而遽讲流动，失其本矣。汝小字可学《乐毅论》，前见所写《乐志论》，大有进步，今当一心临仿之。每日明窗净几，笔精墨良，以白奏本纸，临四五百字，亦不须太多，但工夫不可间断，纸画乌丝格①，古人最重分行布白，故以整齐匀净为要。学字忌飞动草率，大小不匀，而妄言奇古磊落，终无进步矣。行书亦宜专心一家，赵松雪②珮玉垂绅，丰神清贵，而其原本，则出于《圣教序》③、《兰亭》，犹见晋人风度，不可訾议之也。汝作联字，亦颇有丰秀之致，今专学松雪，亦可望其有进。但不可任意变迁耳。

【注释】

①乌丝格：指古时练字用的墨线格子。

②赵松雪：即元代书画家赵孟頫。

③《圣教序》：唐碑，全称《大唐三藏圣教序》，唐太宗应玄奘之莆而作，叙玄奘至印度求佛经及在中土翻译传播之事。

居家立身之道

（清）张 英

【原文】

人之居家立身，最不可好奇，一部《中庸》，本是极平淡，却是极神奇。人能于伦常①无缺，起居勤作，治家节用，待人接物，事事合于矩度，无有乖张，便是圣贤路上人，岂不是至奇？若举动怪异，言语诡激，明明坦易道理，却自寻奇觅怪，守偏文过，以为不坠恒境，是穷奇、梼杌②之流，乌足以表异哉？布帛菽粟，千古至味，朝夕不能离，何独至于立身制行而反之也？

【注释】

①伦常：封建社会把君臣、父子、夫妇、兄弟、朋友之间的关系和秩序称为"五伦"，认为这是永恒的、不可改变的常道，所以称之为伦常。

②穷奇、梼杌（táo wù）：都是古代传说中的怪兽，常用来比喻恶人。

多思益人

（清）张　英

【原文】

与人相交，一言一事，皆须有益于人，便是善人。余偶以忌辰①，著朝服②出门，巷口见一人，遥呼曰："今日是忌辰！"余急易之。虽不识其人，而心感之。如此等事，在彼无丝毫之损，而于人为有益。每谓同一禽鸟也，闻鸾凤③之名则喜，闻鸺鹠④之声则恶。以鸾凤能为人福，而鸺鹠能为人祸也；同一草木也，毒草则远避之，参苓则共宝之，以毒草能鸩人，而参苓能益人也。人能处心积虑，一言一动，皆思益人，而痛戒损人，则人望之若鸾凤，宝之如参苓，必为天地之所佑，鬼神之所服，而享有多福矣。此理之最易见者也。

【注释】

①忌辰：也叫忌日。

②朝服：封建时期君臣朝会时所穿的衣服。

③鸾凤：鸾鸟和凤凰，民俗认为鸾凤是能带来祥瑞的鸟。

④鸺鹠（xiū liú）：鸟，羽毛棕褐色，捕食鼠、兔等。旧俗以为此鸟叫就会死人，因而认为这种鸟不吉利。

松柏参天

（清）魏　源

【原文】

君不见，猩猩嗜酒知害身，且骂且尝不能忍。飞蛾爱灯非恶灯，奋翼扑明甘自陨。不为形役为名役，臧谷①亡羊复何益！月攘一鸡待来年，年复一年头雪白。得掷且掷即今日，人生百岁驹过隙。试问巫峡连营七百里，何如蔡州雪夜三千卒。

君不见，华时少，实时多，花实时少叶时多，由来草木重干柯。秋花不及春花艳，春花不及秋花健。何况再实之木花不繁，唐开之花春必倦。人言松柏黛参天，谁知铁根霜干蟠①九泉。

【注释】

①臧：奴仆。谷：陷于困境。

②蟠：盘曲。

林纾谕儿

（清）林 纾

【原文】

汝自瘠区，量以繁剧，凡贪墨狂谬①之举，汝能自爱，余不汝忧。然所念念者，患汝自恃吏才，遇事以盛满之气出之，此至不可。凡人一为盛满之气所中，临大事，行以简易；处小事，视犹弁髦②；遗不经心之螏③，结不留意之仇。此其尤小者也。有司④为生死人之衙门，偶凭意气用事，至于沉冤莫雪，牵连破产者，往往而有。此不可不慎。故欲平盛气，当先近情。近情者，洞民情也。胥役⑤之不可寄以耳目，以能变乱黑白，察官意之所不可，即以是为非；察官意之所可，复以非为是，故明者恒轻而托之绅士。然吾意绅士不如士，士不如耆⑥。绅更事多，贤不肖半之，士得官府询问，亦有尽言者。然讼师⑦亦多出于士流中，无足深恃。惟耆民之纯厚者，终身不见官府。尔下乡时，择其谨愿者加以礼意，与之作家常语，或能倾吐俗之良楛⑧，人之正邪。且乡老有涉讼应质之事，尔可令之坐语，不俾长跽⑨，足使村氓悉敬长之道。死囚对簿，已万无生理，得情以后，当加和平之色。词气间，悯其无知见戮，不教受诛，此即夫子⑩所谓"哀矜勿喜"者也。监狱五日必一临视，四周洒扫粪除，必务严洁，庶可辟祛⑪疫气。司监之丁，必慎其人，黠者⑫可以卖放，愿者或致弛防。此际用人宜慎，宽严均不可过则，衙役既无工薪，却有妻子，一味与之为难，既不得食，何能为官效力？此当明其赏罚，列表于书室中。夫廉洁不能责诸彼辈，止能录其勤惰，加以标识。其趋公迅捷者，则多标以事；凡迁延迟久，不能速两造到案者，必有贿托情事，则当加以重罚，不必另标他役；一改差，则民转多一改差之费矣。胥役之外，家丁之约束最难。荐者或出上官，或出势要，因荐主之有力，曲加徇隐，则渐生跋扈；严加裁抑，则转滋谗毁。要当临之以庄，语之以简，喜愠不形，彼便不能测我之深浅，当留者留之，宜遣者以温言遣之足矣。教民健讼⑬，务在必胜。轻躁之官恒左教而右民，庸碌之官又左民而右教，实则皆非也。士大夫惟不与教士往来，故无籍之民，恃教为符，因而鱼肉乡里。若有司与主教联络，剖析以民情之曲直。教中宗旨，博爱而信天，吾即以天动之；彼迷信久，或可少就吾之范围。吾有《新旧约全书》一部，尔暇时翻阅，择书中语可备驳诘耶稣教之犯律违例者，类抄而熟记之。彼为教中人，乃不省教书，即以矛攻盾之意，庶免为教焰所慑。且判决教案，以迅捷为上；有司往往以延宕为得计，久乃被其口实，至不可也。下乡检验，务随报即行，迟则尸变，且防两造久而生心，故不若立时遣发之为愈。尸场以不多言为上，彼围观者，恃人多口众，最易招侮。此等事，尔已经过，可毋嘱。披阅卷宗，宜在人不经意处留心，凡情虚之人，弥纶必不周备，仔细推求，自得罅隙⑭，更与刑幕商之，亦不可师心自用。凡事经两人商榷，虽不精审，亦必不至模糊。其馀行事，处处出以小心，时时葆我忠厚。谨慎须到底，不可于不经意事掉以轻心；慈祥亦须到底，不能于不惬意人出以辣手。

吾家累世农夫，尔曾祖及祖，皆浑厚忠信，为乡里善人，馀泽及汝之身，职分虽小，然实亲民之官。方今新政未行，判鞫⑮仍归县官。余故凛凛⑯戒惧，敬以告汝。不特驾驭隶役丁胥，一须小心，即妻妾之间，亦切勿沾染官眷习气。凡事须可进可退，一日在官，恣吾所欲，设闲居后何以自聊？余年六十矣。自五岁后，每月不举火⑰者可五六日。十九岁，尔祖父见背⑱，苦更不翅⑲。己亥，客杭州陈吉士大令署中，见长官之督责吮吸⑳属僚，弥复可笑。余宦情已扫地而尽，汝又不能为学生，作此粗官，余心胆悬悬，无一日宁贴。汝能心心爱国，心心爱民，即属行孝于我。……余随时尚有训迪。此书可装潢，悬之书室，用为格言。

【注释】

①贪墨狂谬：形容贪赃枉法。

②弁髦（biàn máo）：古代贵族子弟行加冠礼时用弁束住头发，礼成后把弁去掉不用，后喻没用的东西。

③罅（xià）：缝隙。

④有司：官吏名。

⑤胥役：小官吏名。

⑥耆：指60岁以上的人。

⑦讼师：旧社会里以给打官司的人出主意、写状纸为职业的人。

⑧楛（kǔ）：粗劣，不精致。

⑨跽（jì）：指双膝着地，上身挺直。

⑩夫子：指儒家始祖孔子。"哀矜勿喜"意即哀怜不足喜。

⑪辟祛（qū）：避除。

⑫黠（xiá）者：聪明而狡猾的人。

⑬健讼：善于打官司。

⑭鳞隙：缝隙。

⑮判鞫（jū）：判断审问。

⑯凛凛：严肃，寒冷。

⑰不举火：不生火煮饭。

⑱见背：婉词，指家里长辈去世。

⑲不翅：不但，过多。

⑳吮吸：比喻盘剥、侵吞。

泰然处之

（清）严　复

【原文】

　　吾甥一门，自翁姑①以降，皆守旧之人，自以为诗礼簪缨之门②，法宜如此，拘牵文义，未行起尘③。凡此，皆不待甥言，而舅所深悉者；每念汝母，不觉泪垂。然须知人生世间，任所遭何如，皆有所苦，泰然处之可耳！

【注释】

　　①翁姑：指公公婆婆。
　　②诗礼簪缨之门：指书香门第、官宦之家。
　　③未行起尘：形容虚张声势、爱讲排场。

珍惜少年时光

（清）严　复

【原文】

四弟①诚可爱，不但笃实勤俭，不自满假，如汝所言，且其人孝悌。金先生每为其少子所气，则必称吾家老四，其语不差，子弟如璿，于社会中真不数觏②也。且他日必以书法名世。此吾于七八岁时，即已云然，今乃益显。他日所造③，谁能限之。落笔虽去古法远，不为病也，长大自能改耳。仲永二诗早以见示④，弢菴来亦见之，以为有笔。儿言其滑，固然，但请问诗如何然后为滑。夫滑者，徒唱虚腔，而无作意之谓也。诗有真意，便不为滑；使无真意，学东坡固滑，学山谷⑤亦滑，江西派⑥乃更多不可耐恶调也。

五律三首，略加评骘⑦寄去，可细观之。看《近思录》⑧甚好，但此书不是胡乱看得，非用过功夫人，不知所言著落也。廿四史定后尚寄在商务馆，因未定居，故未取至。欲将此及英文世界史尽七年看了，先生之志则大矣。苟践此语，殆⑨可独步中西，恐未必见诸事实耳。但细思之，亦无甚难做，俗谚有云：日日行，不怕千万里，得见有恒，则七级浮图，终有合尖⑩之日。且此事必须三十以前为之，四十以后虽做亦无用，因人事日烦，记忆力渐减。吾五十以还，看书亦复不少，然今日脑中，岂有几微⑪存在？其存在者，依然是少壮所治之书，吾儿果有此志，请今从中国前四史起。其治法，由《史》而《书》而《志》⑫，似不如由陈而范，由班而马⑬，此固虎头所谓倒啖蔗⑭也，吾儿以为何如？

【注释】

①四弟：指四子严璿。

②觏（gòu）：遇见。

③造：成就。

④见示：看见。

⑤山谷：宋代诗人黄庭坚，字鲁直，号山谷道人。

⑥江西派：指江西诗派，以黄庭坚为宗派之祖。崇尚工力，注重琢磨，要求诗文字字有出处，又追求奇妙，故多晦涩。

⑦评骘：评定。

⑧《近思录》：北宋周敦颐、程颢、程颐、张载四人的言论集。南宋朱熹、吕祖谦选编。

⑨殆：大概。

⑩合尖：造塔最后的工程。

⑪几微：细微。

⑫史、书、志：指《史记》《汉书》《三国志》。

⑬班：班固。马：司马迁。

⑭虎头：晋顾恺之小字。啖蔗：《世说新语》等记载顾恺之食甘蔗先从尾吃起。比喻境况逐渐好转。

读书成材

（清）严　复

【原文】

我近来因不与外事，得有时日多看西书，觉世间惟有此种是真实事业，必通之后而后有以知天地之所以位^①、万物之所以化育^②，而治国明民之道，皆舍之莫由。但西人笃实^③，不尚夸张，而中国人非深通其文字者，又欲知无由，所以莫复尚之也。且其学绝驯^④实，不可顿悟^⑤，必层累阶级^⑥，而后有以通其微^⑦。及其既通，则八面受敌^⑧，无施不可。以中国之糟粕方^⑨之，虽其间偶有所明，而散总^⑩之异、纯杂^⑪之分、真伪之判^⑫，真不可同日而语也。近读其论《教训幼稚》一书，言人欲为有用之人，必须表里心身并治，不宜有偏。又欲为学，自十四至二十间绝不可间断；若其间断，则脑脉渐痼^⑬，后来思路定必不灵，且妻子仕官财利之事一诱其外，则于学问终身门外汉矣。学既不明，则后来遇惑不解，听荧则妄^⑭，而施之行事，所谓生心^⑮害政，受病必多，而其人之用少矣。

【注释】

①位：作形成解。

②化育：作生长规律解。

③笃实：忠厚老实。

④驯：顺服，渐进。

⑤顿悟：佛教称直闻大乘，行大法不离此生，即得解脱，即证佛果为顿悟。

⑥层累：层层积累。阶级：一级级向上，此处指循序渐进。

⑦微：幽深精妙。此处指中心思想。

⑧八面受敌：指面临来自各方面的攻击、责难。

⑨方：比拟。

⑩散：散漫；纷乱。总：条理；归纳。

⑪纯：纯粹。杂：庞杂。

⑫判：区别。

⑬痼：久病痼疾。

⑭听荧：疑惑不明。妄：荒诞。

⑮生心：有不同的想法和志向。

谦恭勤学

（清）严　复

【原文】

　　吾儿初次出门就学，远离亲爱，难免离索之苦，吾与汝母亲皆极关怀；但以男儿生世，弧矢四方①，早晚总须离家入世，故令儿就学唐山耳。尚幸有鋆哥一家在彼，而伯曜、季炽兄弟义系世交熟人，当不至如何索寞②。现开学伊始，功课宜不甚殷③，暇时仍当料理旧学，勿任抛荒。闻看《通鉴》，自属甚佳；但《左传》尚未卒业，仍应排日点诵④，即不能背，只令遍数读足亦可。文字有不解处，可就近请教伯曜或信问先生，庶无半途废业之叹。校中师友，均应和敬⑤接待，人前以多见闻默识⑥而少发议论为佳；至臧否⑦人物，尤宜谨慎也。改名一节，若校长执意不肯，可暂置之，但告望哥于得便时仍须做到也。校长若问理由，则告以因犯亲族尊长先讳之故。名字原以表德，定名、改名，各从微尚⑧，无取特别充足理由也。秋风戒寒，早晚起居，格外谨慎，脱有小极⑨，可告望哥早些想法，勿俟已成大病，方求治疗也。儿来信书字颇佳，此后可以书帖；日作数纸，可代体操。

【注释】

①弧矢：弓箭。弧矢四方：志在四方，建功立业。

②索寞：沮丧，寂寞。

③殷：多。

④排日：连日。点诵：标点，诵读。

⑤和：谐和。敬：尊敬。

⑥默识：默记领悟。

⑦臧否：品评，褒贬。

⑧微：卑微。尚：敬重。微尚：鄙弃和敬重，指取舍。

⑨脱：或许。小极：小病。

名臣家训

此部分选取中国历史上五位著名政治家的家训篇章，有利于读者阅读和学习。

宁静以致远

（三国）诸葛亮

【原文】

夫君子之行，静以修身，俭以养德；非淡薄①无以明志，非宁静无以致远。夫学欲静也，才欲学也；非学无以广才，非静无以成学。慆慢②则不能研精，险躁③则不能理性。年与时驰，意与日去，遂成枯落④，多不接世⑤，悲守穷庐⑥，将复何及！

【注释】

①淡薄：恬淡寡欲，不追求名利。

②慆慢：怠慢。研精：精深的研究。

③险躁：冒险，急躁。

④枯落：枯枝落叶，比喻人生易逝。

⑤接世：接触社会，与人交际。

⑥穷庐：亦作"穹庐"。古代指游牧民族居住的毡帐，这里指贫寒的房屋。

志当存高远

（三国）诸葛亮

【原文】

　　夫志当存高远，慕先贤，绝情欲，弃凝滞①，使庶几之志揭然有所存②，恻然③有所感，忍屈伸，去细碎，广咨问，除嫌吝④，虽有淹留⑤，何损于美趣？何患于不济⑥？若志不强毅⑦，意不慷慨⑧，徒碌碌滞于俗⑨，默默束于情⑩，承窜伏于凡庸⑪，不免于下流⑫矣。

【注释】

　　①弃凝滞：抛弃阻碍前进的因素。

　　②庶几：旧指贤者。揭然：高高的样子。

　　③恻然：诚恳的样子。恻：通"切"，诚恳。

　　④嫌吝：猜疑和吝啬。

　　⑤淹留：滞留。

　　⑥患：忧虑。济：成功。

　　⑦强毅：刚强，坚毅。

　　⑧慷慨：意气激昂。

⑨碌碌：平庸。滞：滞留。

⑩默默：不得意的样子。束：拘束。

⑪承：继续。窜：伏匿。凡庸：平凡；平庸。

⑫下流：河流出口处。比喻地位卑下。

范仲淹诫后

（北宋）范仲淹

【原文】

吾贫时，与汝母养吾亲，汝母躬执炊而吾亲甘旨①，未尝充也。今得厚禄，欲以养亲，亲不在矣。汝母已早世，吾所最恨者，忍令若曹享富贵之乐也。

吴中宗族甚众，于吾固有亲疏，然以吾祖宗视之，则均是子孙，固无亲疏也。苟祖宗之意无亲疏，则饥寒者吾安得不恤也。自祖宗来积德百余年，而始发于吾，得至大官，若享富贵而不恤②宗族，异日何以见祖宗于地下？今何颜以入家庙乎？

京师交游，慎于高议，不同当言责之地。且温习文字，清心洁行，以自树立平生之称。当见大节，不必窃论曲直，取小名招大悔矣。

京师少往还，凡见利处，便须思患。老夫屡经风波，惟能忍穷，故得免祸。

大参到任，必受知也。惟勤学奉公，勿忧前路③。慎勿作书求人荐拔，但自充实为妙。

将就大对，诚吾道之风采，宜谦下兢畏，以副士望。

青春何苦多病，岂不以摄生^④为意耶？门才起立，宗族未受赐，有文学称，亦未为国家用，岂肯循常人之情，轻其身汩^⑤其志哉！

贤弟请宽心将息，虽清贫，但身安为重。家间苦淡，士之常也，省去冗口可矣。清多著工夫看道书，见寿而康者，问其所以，则有所得矣。

汝守官处小心不得欺事，与同官和睦多礼，有事只与同官议，莫与公人商量，莫纵乡亲来部下兴贩，自家且一向清心做官，莫营私利。

【注释】

①甘旨：味道鲜美。

②恤：周济。

③前路：前途。

④摄生：养生。

⑤汩：毁。

琢玉成器

（北宋）欧阳修

【原文】

"玉不琢^①，不成器；人不学，不知道。"然玉之为物，有不变之常德^②，虽不琢以为器，而犹不害为玉也；人之性，因物则迁，不学，则舍君子而为小人，可不念哉！

【注释】

①琢：雕琢。

②常德：常性。

立身根本

（北宋）司马光

【原文】

吾本寒家，世以清白相承。吾性不喜华靡，自为乳儿，长者加以金银华美之服，辄羞赧①弃去之。二十忝②科名，闻喜宴③独不戴花。同年④曰："君赐不可违也。"乃簪一花。平生衣取蔽寒，食取充腹，亦不敢服垢蔽以矫俗于名，但顺吾性而已。众人皆以奢靡为荣，吾心独以俭素为美，人皆嗤吾固陋，吾不以为病，应之曰："孔子称'与其不逊也宁固'。"又曰："以约失之者鲜矣。"又曰："士志于道而耻恶衣恶食者未足与议也。"古人以俭为美德，今人乃以俭相诟病。嘻！异哉！

近岁风俗尤为侈靡，走卒类士服，农夫蹑丝履。吾记天圣中先公为群牧判官，客至未尝不置酒，或三行五行，多不过七行。酒沽于市，果止于梨、枣、栗、柿之类，肴止于脯、醢、菜羹，器用瓷漆。当时士大夫家皆然，人不相非也。会数而礼勤，物薄而情厚。近日士大夫家，酒非内法，果肴非远方珍异，食非多品，器皿非满案，不敢会宾友，常数日营聚，然后敢发书。苟或不然，人争非之，以为鄙吝。故不随俗靡者盖鲜矣。嗟呼！风俗颓敝如是，居位者虽不能禁，忍助之乎？

又闻昔李文靖公为相，治居第于封邱门内，厅事前仅容旋马，或言其太隘。公笑曰："居第当传子孙，此为宰相厅事诚隘，为太祝奉礼厅事已宽矣。"参政鲁公为谏官，真宗遣使急召之，得于酒家。既入，问其所来，以实对。上曰："卿为清望官，奈何饮于酒肆？"对曰："臣家贫，客至无器皿、肴、果，故就酒家觞之。"上以其无隐，益重之。张文节为相，自奉养如为河阳掌书记时，所亲或规之曰："公今受俸不少，而自奉若此，公虽自信清约，外人颇有公孙布被之讥，公宜少从众。"公叹曰："吾今日之俸，虽举家锦衣玉食，何患不能？然人之常情，由俭入奢易，由奢入俭难。吾今日之俸，岂能常有？身岂能常存？一旦异于今日，家人习奢已久，不能顿俭，必致失所。岂若吾居位、去位，身在、身亡，常如一日乎？"呜呼！大贤之深谋远虑，岂庸人所及哉！

【注释】

①羞赧：羞惭。

②忝：谦词，表示辱没他人，自己有愧。

③闻喜宴：开始于唐代，到宋太宗时明确规定，进士放榜时由朝廷设宴，皇帝和大臣赐诗以表恩赐，嘉奖。

④同年：指考取科举时同榜的人。

名贤集

　　《名贤集》的作者不详，是南宋以后儒家学者根据历代名人贤士的格言善行及流传于民间的谚语提炼编辑而成。其中有许多关于治家、修身、人际交往等方面的观念和道德规范。在民间流传较广，为读书人所熟读，其中许多语句脍炙人口，至今仍时常为人们所引用。

四　言

【原文】

但^①行好事，莫问^②前程；与人方便，自己方便。

善与人交，久而敬之。人贫^③志短，马瘦毛长。

人心似铁，官法如炉。谏^④之双美，毁^⑤之两伤。

赞叹^⑥福生，作念恶生。积善之家，必有余庆，

积恶之家，必有余殃^⑦。休争闲气，日有平西。

来之不善，去之亦易。人平不语，水平不流。

得荣思辱，处安思危。羊羔虽美，众口难调。

事要三思，免劳后悔。太子入学，庶民同例；

官至一品，万法依条。得之有本，失之无本；

凡事从实，积福自厚，无功受禄，寝食不安。

财高气壮，势大欺人。言多语失，食多伤身。

相争告^⑧人，万种无益。礼下^⑨于人，必有所求。

敏而好学，不耻下问。居必择邻，交必良友。

顺天者存，逆天者亡。人为财死，鸟为食亡。

得人一牛，还人一马。老实常在，脱空常败。

三人同行，必有我师。人无远虑，必有近忧。

寸心不昧⑩，万法皆明。明中施舍，暗里填还。

人间私语，天闻若雷。暗室亏心，神目如电。

肚里跷蹊，神道先知。人离乡贱，物离乡贵。

杀人可恕，情理难容。人欲可断，天理可循。

心要忠恕，意要诚实。狎昵⑪恶少，久必受累。

施⑫惠勿念，受恩莫忘。勿营⑬华屋，勿谋良田。

祖宗虽远，祭祀宜诚。子孙虽愚，诗书宜读。

刻薄⑭成家，理无久享。

【注释】

①但：只要。

②问：考虑。

③贫：指困难的处境。

④谏：劝诫。

⑤毁：背后诋毁人。

⑥赞叹：称赞。

⑦殃：灾祸。

⑧告：告状。

⑨下：降低。

⑩昧：违背。

⑪狎昵：过于亲热而态度不庄重。

⑫施：给予。

⑬营：建造。

⑭刻薄：过分小气，吝啬。

五 言

【原文】

黄金浮在世，白发故人稀；多金非为贵，

安乐值钱多；休争三寸气，白了少年头；

百年随时过，万事转头空。耕牛无宿草①，

仓鼠有余粮；万事分已定，浮生空自忙。

结有德之朋，绝无义之友。常怀克己②心，

法度要谨守。君子坦荡荡，小人常戚戚。

见事知长短，人面识高低。心高遮③甚事，

地高偃④水流。水深流去慢，贵人语话迟。

道高龙虎伏，德重鬼神钦。人高谈今古，

物高价出头。休倚时来势，提防时去年。

藤萝绕树生，树倒藤萝死。官满如花卸，

势败奴欺主。命强人欺鬼，时衰鬼欺人。

但得一步地，何须不为人。人无千日好，

花无百日红。人有千年壮，鬼神不敢傍⑤。

厨中有剩饭，路上有饥人。饶人不是痴，

过后得便宜。量小非君子，无度⑥不丈夫。
路遥知马力，日久见人心。长存君子道，
须有称心时。有钱便使用，死后一场空。
为仁不富矣，为富不仁矣。君子喻于义，
小人喻于利。贫而无怨难，富而无骄易。
百年还在命，半点不由人。在家敬父母，
何必远烧香。家和贫也好，不义富如何。
晴干开水道，须防暴雨时。寒门生贵子，
白屋出公卿。将相本无种，男儿当自强。
成人不自在，自在不成人。国正天必顺，
官清民自安。妻贤夫祸少，子孝父心宽。
自家无运至，却怨世界难。人生不满百，
常怀千岁忧。来说是非者，便是是非人。
积善有善报，积恶有恶报。报应有早晚，
祸福自不错。花无重开日，人无长少年。
人无害虎心，虎有伤人意。上山擒虎易，
开口告人⑦难。忠臣不怕死，怕死不忠臣。
从前多少事，过去一场空。既在矮檐下，
怎敢不低头。国乱识忠臣。但是登途者，
都是福薄人。命贫君子拙，时来小儿强。
命好心也好，富贵直到老。命好心不好，
中途夭折了。心命都不好，穷苦直到老。
年老心未老，人穷志不穷。自古皆有死，
民无信不立。

【注释】

①宿草：隔夜的饲草。

②克己：控制自己的言行。

③遮：遏制。

④偃：阻塞。

⑤傍：靠近。

⑥度：度量，胸怀。

⑦告人：求助于人。

六　言

【原文】

长将好事于人，祸不侵于自己。

既读孔孟①之书，必达周公之礼。

君子敬而无失，与人恭而有礼。

人无酬②天之力，天有养人之心。

一马不备双鞍，忠臣不事二主。

长想有力之奴，不念无为之子。

人有旦夕祸福，天有昼夜阴晴，

君子当权积福，小人仗势欺人。

人将礼乐③为先，树将枝叶为圆。

运④去黄金失色，时来铁也争光。

怕人知道休做，要人敬重勤学。

泰山不却⑤微尘，积少垒成高大。

人道⑥谁无烦恼，风来浪也白头。

【注释】

①孔、孟：指孔丘、孟轲，古代著名教育家、思想家。

②酬：酬谢，报答。

③乐：音乐。

④运：好运气。

⑤却：推拒。

⑥人道：这里指人生历程。

【注太】

七　言

【原文】

> 贫居闹市无人问，富在深山有远亲。
>
> 人情好似初相见，到老终无怨恨心。
>
> 白马红缨彩色新，不是亲者强来亲。
>
> 一朝马死黄金尽，亲者如同陌路人。
>
> 青草发时便盖地，运通何须觅故人。
>
> 但能依理求生计，何必欺心作恶人。
>
> 莫作亏心侥幸事，自然灾害不来侵。
>
> 人着人死天不肯，天着人死有何难。
>
> 我见几家贫了富，几家富了又还贫。
>
> 三寸气在①千般用，一旦无常②万事休。
>
> 人见利而不见害，鱼见食而不见钩。
>
> 是非只为多开口，烦恼皆因强③出头。
>
> 平生正直无私曲④，问甚⑤天公饶不饶。
>
> 猛虎⑥不在当道卧，困龙⑦也有升天时。
>
> 临崖勒马收缰晚，船到江心补漏迟。

家业有时为来往，还钱常记借钱时。

金风⑧未动蝉先觉，暗算无常⑨死不知

善恶到头终有报，只争来早与来迟，

蒿⑩里隐着灵芝草，淤泥陷着紫金盆。

劝君莫做亏心事，古往今来放过谁。

山寺日高僧未起，算来名利不如闲。

欺心莫赌洪天誓⑪，人与世情朝朝随。

人生稀有七十余，多少风光不同居。

长江一去无回浪，人老何曾再少年。

大道劝人三件事，戒酒除花莫赌钱。

言多语失皆因酒，义断亲疏只为钱。

有事但近君子说，是非休听小人言。

妻贤何愁家不富，子孝何须父向前。

心好家门生贵子，命好何须靠祖田。

侵人田土骗人钱，荣华富贵不多年。

莫道眼前无可报，分明折在子孙还。

酒逢知己千杯少，话不投机半句多。

衣服破时宾客少，识人多处是非多。

草怕严霜霜怕日，恶人自有恶人磨，

月过十五光明少，人到中年万事和。

良言一句三冬暖，恶语伤人六月寒。

雨里深山雪里烟，看时容易做时难。

无名草木年年发，不信男儿一世穷。

若不与人行方便，念尽弥陀总是空。

少年休笑白头翁，花开能有几时红。

越奸越狡越贫穷，奸狡原来天不容。

富贵若从奸狡得，世间呆汉喝西风。

小人狡猾心肠歹^⑫，君子公平托^⑬上苍^⑭。

一字千金价不多，会文会算有谁过^⑮。

身小会文国家用，大汉空长作什么。

【注释】

①三寸气在：指人活着。

②无常：指人死去。

③强：争强好胜。

④曲：歪邪。

⑤甚：什么。

⑥猛虎：这里比喻得势者。

⑦困龙：这里比喻落难失势者。

⑧金风：指秋风。

⑨无常：无法预知。

⑩蒿：蒿草。

⑪洪天誓：指对天发下的重大誓言。

⑫歹：恶毒。

⑬托：依靠，依托。

⑭上苍：上天。

⑮过：过错，此处引申为指责。